助力乡村振兴
出版计划

【现代农业科技与管理系列】

高标准农田建设技术与

节水灌溉工程

主　编　朱　梅

副 主 编　李晓乐　刘晓丽　杨智良

编写人员　潘　中　栗昕羽　范　舟

U0396134

时代出版传媒股份有限公司
安徽科学技术出版社

图书在版编目(CIP)数据

高标准农田建设技术与节水灌溉工程 / 朱梅主编.
--合肥:安徽科学技术出版社,2022.12
助力乡村振兴出版计划.现代农业科技与管理系列
ISBN 978-7-5337-6389-3

Ⅰ.①高…　Ⅱ.①朱…　Ⅲ.①农田基本建设②农
田灌溉-节约用水　Ⅳ.①S28②S275

中国版本图书馆CIP数据核字(2022)第212031号

高标准农田建设技术与节水灌溉工程　　　　　　　　　　　　　主编　朱　梅

出版人:丁凌云　选题策划:丁凌云　蒋贤骏　余登兵　责任编辑:程羽君
责任校对:岑红宇　责任印制:廖小青　　　　　　　　装帧设计:王　艳
出版发行:安徽科学技术出版社　　　http://www.ahstp.net
　　　　(合肥市政务文化新区翡翠路1118号出版传媒广场,邮编:230071)
　　电话:(0551)63533330
印　　制:安徽联众印刷有限公司　　电话:(0551)65661327
(如发现印装质量问题,影响阅读,请与印刷厂商联系调换)

开本:720×1010　1/16　　　　印张:9　　　　　字数:125千
版次:2022年12月第1版　　　　印次:2022年12月第1次印刷

ISBN 978-7-5337-6389-3　　　　　　　　　　　定价:39.00元

版权所有,侵权必究

"助力乡村振兴出版计划"编委会

主　任

查结联

副主任

陈爱军　罗　平　卢仕仁　许光友
徐义流　夏　涛　马占文　吴文胜
　　　　董　磊

委　员

胡忠明　李泽福　马传喜　李　红
操海群　莫国富　郭志学　李升和
郑　可　张克文　朱寒冬　王圣东
　　　　刘　凯

【现代农业科技与管理系列】

（本系列主要由安徽农业大学组织编写）

总主编: 操海群

副总主编: 武立权　黄正来

出版说明

　　"助力乡村振兴出版计划"（以下简称"本计划"）以习近平新时代中国特色社会主义思想为指导，是在全国脱贫攻坚目标任务完成并向全面推进乡村振兴转进的重要历史时刻，由中共安徽省委宣传部主持实施的一项重点出版项目。

　　本计划以服务乡村振兴事业为出版定位，围绕乡村产业振兴、人才振兴、文化振兴、生态振兴和组织振兴展开，由《现代种植业实用技术》《现代养殖业实用技术》《新型农民职业技能提升》《现代农业科技与管理》《现代乡村社会治理》五个子系列组成，主要内容涵盖特色养殖业和疾病防控技术、特色种植业及病虫害绿色防控技术、集体经济发展、休闲农业和乡村旅游融合发展、新型农业经营主体培育、农村环境生态化治理、农村基层党建等。选题组织力求满足乡村振兴实务需求，编写内容努力做到通俗易懂。

　　本计划的呈现形式是以图书为主的融媒体出版物。图书的主要读者对象是新型农民、县乡村基层干部、"三农"工作者。为扩大传播面、提高传播效率，与图书出版同步，配套制作了部分精品音视频，在每册图书封底放置二维码，供扫码使用，以适应广大农民朋友的移动阅读需求。

　　本计划的编写和出版，代表了当前农业科研成果转化和普及的新进展，凝聚了乡村社会治理研究者和实务者的集体智慧，在此谨向有关单位和个人致以衷心的感谢！

　　虽然我们始终秉持高水平策划、高质量编写的精品出版理念，但因水平所限仍会有诸多不足和错漏之处，敬请广大读者提出宝贵意见和建议，以便修订再版时改正。

本册编写说明

　　高标准农田建设是实施乡村振兴的重要工程。田成方、路相连、渠相通、涝能排、旱能灌、水土留得住、农机能进出……高标准农田建设让许多低效田、撂荒田变成了稳产高产田,农业农村现代化进程正在加快。加快推进高标准农田建设是夯实农业生产基础、提升粮食等农产品供给的重要保障,是推进农业现代化的关键环节之一。

　　我国是一个缺少淡水资源的国家,可用淡水资源总量少,地理分布差异大,时空分布不均匀。农业用水量在全社会总用水量中占比很高。随着社会不断地发展,我国工业用水增加,生活用水稳定缓慢增加,生态用水稳步增加。节水最有效、最直接的方向就是农业用水。农业节水灌溉是高标准农田建设的重要内容之一,是农业节水最直接、最有效的方式,有利于促进水资源集约节约利用,提高农业综合生产能力。推进高标准农田建设、生态文明建设与新时代乡村振兴战略发展都离不开农业节水灌溉。我国农业在规模上,大农场、合作社与个体户并存且长期稳定存在,因此,需要各种规模的节水灌溉工程。本书主要介绍小型农业节水灌溉工程建设与管理及高标准农田节水灌溉改造。

　　本书适合农业经营个体户、小微企业等,方便他们在高标准农田建设过程中,独立完成参与完成农业节水灌溉工程,实现自行管理和简单的工程维护保养工作;本书可作为农业经营者的指导手册,帮助其对高标准农田建设过程中节水灌溉工程设计、建造、管理及维护具有较全面的认识;本书也适合高标准农田建设及农业节水灌溉工程建设企业,可作为通用的岗前培训教材,帮助新进员工快速上手;本书也适合大中专农业水利工程学生,可作为实践参考书,辅导学生完成课外实践或实习。

目　录

第一章 ▶ 高标准农田建设

▶ 第一节 高标准农田建设简介

高标准农田是指土地平整、集中连片、设施完善、农田配套、土壤肥沃、生态良好、抗灾能力强，与现代农业生产和经营方式相适应的旱涝保收、高产稳产，划定为永久基本农田的耕地。

一 建设目标

高标准农田建设的主要目标包括四个方面：一是优化土地利用结构与布局，实现集中连片，发挥规模效益；二是增加有效耕地面积，提高高标准农田比例；三是提高基本农田质量，完善生产、生态、景观的综合功能；四是建立保护和补偿机制，促进高标准农田的持续利用。

我国已建成的高标准农田占耕地面积的比例约为40%，大部分耕地仍然存在着基础设施薄弱、抗灾能力不强、耕地质量不高、田块细碎化等问题。《乡村振兴战略规划（2018—2022年）》提出到2022年建成10亿亩高标准农田，《中华人民共和国国民经济和社会发展第十四个五年规划和2035年远景目标纲要》要求"十四五"末建成10.75亿亩集中连片高标准农田，《全国国土规划纲要（2016—2030年）》提出到2030年建成12亿亩高标准农田，新增建设任务十分繁重。同时，受到自然灾害等因素影响，部分已建成的高标准农田不同程度地存在着工程不配套、设施损毁

等问题,影响农田使用成效,改造提升任务仍然艰巨。

因此,集中力量建设集中连片、旱涝保收、节水高效、稳产高产、生态友好的高标准农田,形成一批"一季千斤、两季吨粮"的口粮田,满足人们对粮食和食品的消费升级需求,进一步筑牢保障国家粮食安全基础,把饭碗牢牢端在自己手上是高标准农田建设的重要方向。通过新增建设和改造提升,力争将大中型灌区农田优先打造成高标准农田,到2035年,通过持续改造提升,全国高标准农田保有量和质量进一步提高,绿色农田、数字农田建设模式进一步普及,支撑粮食生产和重要农产品供给能力进一步提升,形成更高层次、更有效率、更可持续的国家粮食安全保障基础。

二 建设概况

党中央、国务院高度重视高标准农田建设。习近平总书记多次作出重要指示,强调要保障粮食安全,关键是要保粮食生产能力,确保需要时能产得出、供得上,在保护好耕地特别是永久基本农田的基础上,大规模开展高标准农田建设。李克强总理多次作出批示,强调要把高标准农田建设摆在更加突出的位置,作为落实粮食安全省长责任制的重要内容,扎实推进建设。党的十九届五中全会、中央经济工作会议、中央农村工作会议及连续多年的中央一号文件对高标准农田建设提出明确要求,《国务院办公厅关于切实加强高标准农田建设 提升国家粮食安全保障能力的意见》作出系统部署,为大力推进高标准农田建设提供了政策保障。

2013年,财政部印发了《关于发布实施〈国家农业综合开发高标准农田建设规划〉的通知》(财发〔2013〕4号)。财政部要求,各省(自治区、直辖市)财政厅(局)、农业综合开发机构要周密部署、精心组织、集中投入、连片推进,全力抓好农业综合开发高标准农田建设工作,确保《国家农业综合开发高标准农田建设规划》目标任务落到实处。该规划综合考虑各地区农业自然条件和灌溉条件等情况,根据中低产田面积、粮食产量、粮食商品率等因素,测算确定粮食主产区和非粮食主产区的建设任务和目标,把粮食主产区,特别是增产潜力大、总产量大、商品率高的重点粮食主产区放在高标准农田建设的突出位置。粮食主产区共规划建设高标准农田 28 000 万亩,占建设高标准农田面积的 70%。实施重点中型灌区节水配套改造 911 处,占实施重点中型灌区节水配套改造总数的 57.8%。

2018 年,党中央、国务院明确提出关于农田建设管理职能调整与转变的要求,实行农田建设项目集中统一管理,体制机制进一步理顺,建设资金整合力度进一步加大,为构建完善统一规划布局、建设标准、组织实施、验收考核、上图入库的管理新体制,统筹推进高标准农田建设工作奠定了坚实基础。2018 年机构改革以来,农田建设力量得到有效整合,体制机制进一步理顺,各地加快推进高标准农田建设,完成了政府工作报告确定的建设任务,为粮食及重要农副产品稳产保供提供了有力支撑。

截至 2020 年底,全国已完成 8 亿亩高标准农田建设任务。通过完善农田基础设施,改善农业生产条件,增强了农田防灾抗灾减灾能力,巩固和提升了粮食综合生产能力。建成后的高标准农田,亩均粮食产能增加 10% ~20%,稳定了农民种粮的积极性,为我国粮食连续多年丰收提供了重要支撑。

三　建设成效

高标准农田建设通过集中连片开展田块整治、土壤改良、配套设施建设等措施,解决了耕地碎片化、质量下降、设施不配套等问题,有效促进了农业规模化、标准化、专业化经营,带动了农业机械化提档升级,提高了水土资源利用效率和土地产出率,加快了新型农业经营主体培育,推动了农业经营方式、生产方式、资源利用方式的转变,有效提高了农业综合效益和竞争力。

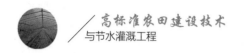

高标准农田建设通过田块整治、沟渠配套、节水灌溉、林网建设和集成推广绿色农业技术等措施，调整优化了农田生态格局，增强了农田生态防护能力，减少了农田水土流失，提高了农业生产投入品利用率，降低了农业面源污染，保护了农田生态环境。建成后的高标准农田，农业绿色发展水平显著提高，节水、节电、节肥、节药效果明显，促进了山水林田湖草整体保护和农村环境连片整治，为实现生态宜居打下了坚实基础。

高标准农田建设通过完善农田基础设施、提升耕地质量、改善农业生产条件，降低了农业生产成本，提高了产出效率，增加了土地流转收入，显著提高了农业生产综合效益。从各地实践看，平均每亩节本增效约500元，有效增加了农民生产经营性收入。

▶ 第二节　高标准农田建设标准

一　建设原则

1.基本原则

符合土地利用总体规划、土地整治规划、全国新增1000亿斤(1斤等于500克)粮食生产能力规划、高标准农田建设总体规划等规划引导原则，统筹安排高标准农田建设。

根据不同区域自然资源特点、经济社会发展水平、土地利用状况，采取适宜的建设方式和工程措施。

应注重数量、质量、生态并重，促进景观优化、生态良好。

以农村集体经济组织和农民为主体，充分尊重农民意愿，维护土地权利人合法权益，切实保障农民的知情权、参与权和受益权。

落实管护责任，健全管护机制，确保建设成效。

2.建设区域

建设区域应相对集中,水资源有保障,土壤适合农作物生长,无潜在土壤污染和地质灾害。地方政府应提高重视程度,提高农村集体经济组织和农民的积极性。

高标准农田建设应重点在土地利用总体规划确定的基本农田保护区和基本农田整备区,全国新增1 000亿斤粮食生产能力规划确定的粮食主产区、产粮大县,土地整治规划确定的土地整治重点区域及重大工程建设区域、高标准基本农田建设示范县,农业、水利、农业综合开发等相关部门规划确定的重点区域,全国农用地质量分等评定的优等、高等、中等耕地集中分布区等区域开展。

高标准农田建设限制在水资源贫乏区域,水土流失易发区、沙化严重区等生态脆弱区域,历史遗留的挖损、塌陷、压占等造成土地严重损毁且难以恢复的区域,土壤污染严重的区域,易受自然灾害损毁的区域,沿海滩涂、内陆滩涂等区域开展。在上述区域开展高标准农田建设,需提供相关部门论证同意的证明材料。

高标准农田建设禁止在地面坡度大于25°的区域,自然保护区核心区和缓冲区,退耕还林区、退耕还草区,河流、湖泊、水库水面及其保护范围等区域开展。

二 建设标准

应结合各地实际,按照不同类型区特点,采取针对性措施,分区分类开展高标准农田建设。

通过各项措施实施,促进农田集中连片,增加有效耕地面积,提升耕地质量,优化土地利用结构与布局,实现节约集约利用和规模效益;完善基础设施,改善农业生产条件,增强防灾减灾能力;加强农田生态建设和环境保护,发挥生产、生态、景观的综合功能;建立监测、评价和管护体

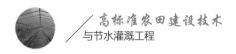
系,实现农田持续高效利用。

高标准农田建设内容包括土地平整工程、土壤改良与培肥工程、灌溉与排水工程、田间道路工程、农田防护与生态环境保持工程、农田输配电工程以及其他工程。

田间基础设施占地率指灌溉与排水、田间道路、农田防护与生态环境保持、农田输配电等工程设施占地面积与建设区面积的比例,田间基础设施占地率应不高于8%。地类划分参照《土地利用现状分类》(GB/T 21010—2017)执行。

基础设施使用年限指高标准农田建设完成后各项基础设施正常发挥效益的使用年限,一般不应低于15年。

建成后耕地质量等别应达到所在县的较高等别,粮食综合生产能力应有显著提高,粮食产量水平应达到当地高产水平,并保持持续增产能力。

高标准农田建成后的农艺技术配套水平和农业机械耕作率应显著提高。

三 建设内容

1.土地平整工程

土地平整工程指为满足农田耕作、灌排的需要,以及一定的肥力条件而采取的田块修筑和地力保持措施,包括耕作田块修筑工程和耕作层地力保持工程。

耕作田块指由田间末级固定沟、渠、路等围成的基本单元。应合理规划耕作田块、提高田块归并程度,实现耕作田块相对集中。田块的长度和宽度应根据地形地貌、作物种类、机械作业效率、灌排效率和防止风害等因素确定。

应实现田面平整,地面灌溉田块应减小横向地表坡降,喷灌、微灌田块可适当放大坡降,纵向坡降应根据不同区域的土壤和灌溉排水要求确定。

地面坡度为5°~25°的坡地区,土层深厚时,应尽可能一次修成水平梯田;坡地土层较薄时,可以先修成坡式梯田,再经逐年向下方翻土耕作,减缓田面坡度,逐步变成水平梯田。丘陵区梯田化率应不低于90%。

梯田修筑应结合小流域治理,与沟道治理和坡面防护工程相结合,提高防暴雨冲刷能力。土地平整后形成的田坎应有配套工程措施进行保护,还应因地制宜地采用土坎、石坎、土石混合坎或植物坎等保护方式。

一般农田应通过机械深耕深松,保持耕作层厚度在20厘米以上。土层较薄的农田应通过客土回填,保持农田土体厚度在50厘米以上。有条件的地方,对过沙或过黏的土壤通过客土调节土壤质地,使其符合耕种要求。

新开垦荒地、地块归并和坡改梯等工程实施时,应避免打乱表土层与生土层,先将肥沃的表土层剥离,待土地平整或坡改梯完成后,再将表土回填到农田中。

2.土壤改良与培肥工程

土壤改良与培肥工程指为改善土壤理化性状、提高土壤肥力和养分平衡状态,以及消除影响作物生长的土壤障碍因素而采取的工程、机械、化学、生物等措施,包括有机肥积造和施用、测土配方施肥、节水农业、土壤酸化防治、盐碱土壤治理等。土壤培肥标准应符合《高标准农田建设标准》(NY/T 2148—2012)规定。

土壤改良与培肥措施应连续实施不少于3年。通过施用农家肥、秸秆还田、绿肥种植翻压还田等措施达到高产土壤肥力水平,保持土壤有机质含量在15克/千克以上。施用的有机肥料应符合《有机肥料》(NY/T 525—2021)的规定。禁止将利用垃圾、污泥及各种工矿废弃物制作的有机肥投入到农田中。

应实施测土配方施肥,科学施用氮、磷、钾及中微量元素肥料,防止

单项养分元素在土壤中的超量富集,保持土壤中各种养分含量间的相对平衡,各项养分含量指标应达到当地土壤养分丰缺指标体系的"中"或"高"值水平。

酸化土壤宜通过施用生石灰或减少施用酸性肥料等措施,使南方土壤 pH 保持在 5.5 以上,北方土壤 pH 保持在 6.0~7.5。风沙和盐碱区农田土壤 pH 不应高于 8.5。

盐碱土壤治理的灌排工程建设完成后,应满足农业种植的土壤脱盐标准。在不能全面脱盐的情况下,对于盐化土壤,在干旱季节及返盐盛期,0~30 厘米土壤全盐含量应小于 0.3%。对于碱化土壤,0~30 厘米土壤全盐含量应小于 0.5%。同时,应尽快提升土壤有机质含量,高标准农田建成后前 3 年的有机肥施用量应不少于 15 000 千克/米^2。

耕作层土壤重金属含量指标应符合《土壤环境质量　农用地土壤污染风险管控标准(试行)》(GB 15618—2018)的规定,影响作物生长的障碍因素应降到最低限度。

3. 灌溉与排水工程

灌溉与排水工程指为防治农田旱、涝、渍和盐碱等灾害而修建的各种设施与建筑物,包括水源工程、输水工程、喷微灌工程、排水工程、渠系建筑物工程、泵站工程等。

灌溉与排水工程应遵循水土资源合理利用的原则,根据旱、涝、渍和盐碱综合治理的要求,将田、水、路、林、电、村统一规划并综合布置。水资源利用应以地表水为主、地下水为辅,严格控制开采深层地下水。灌溉水源应符合《农田灌溉水质标准》(GB 5084—2021)的规定。

水源配置应综合考虑地形条件、水源特点等因素,宜采用蓄、引、提相结合的方式。

应根据灌溉规模、地形条件、田间道路、耕作方式等要求,合理布置各级输配水渠道及渠系建筑物,因地制宜地选择渠道防渗、管道输水灌溉、喷微灌等节水灌溉工程,灌溉水利用系数应不低于《节水灌溉工程技术规范》(GB/T 50363—2018)的规定。

灌溉设计保证率应根据水文气象、水土资源、作物种类、灌溉规模、灌水方式及经济效益等因素综合确定。

排水沟布置应与田间渠、路、林相协调,在平原、平坝地区一般排水沟应与灌溉设施分离,在丘陵山区可选用灌排兼用或灌排分离的形式。

排水标准应满足农田积水不超过作物最大耐淹水深和耐淹时间的要求,应由设计暴雨重现期、设计暴雨历时和排除时间确定。旱作区农田排水设计暴雨重现期应采用5~10年一遇,1~3天暴雨从作物受淹起1~3天排至田面无积水;水稻区农田排水设计暴雨重现期应采用10年一遇,1~3天暴雨3~5天排至作物耐淹水深。

地下水位较高和土壤盐碱化地区,排水标准应符合《灌溉与排水工程设计规范》(GB 50288—2018)的规定。改良盐碱土应在返盐季节前将地下水位控制在临界深度以下。

灌排泵站各项标准的设定应符合《泵站设计标准》(GB 50265—2022)的要求。

渠系建筑物应布置在地形条件适宜和地质条件良好的地点,并配套完整,满足灌排系统水位、流量、泥沙处理、运行、管理的要求,适应交通和群众生产、生活的需要,其使用年限应与灌排系统主体工程一致。

灌排设施外观应整洁美观。渠道、渠系建筑物外观轮廓线顺直,表面平整、光洁;设备应布置紧凑,表面整洁,仪器、仪表配备齐全。

4.田间道路工程

田间道路工程指为满足农业物资运输、农业耕作和其他农业生产活动需要所修建的交通设施,包括田间道(机耕路)和生产路。

田间道路布置应适应农业现代化的需要,在田、水、林、电、村规划的

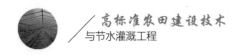

基础上,统筹兼顾,并合理确定田间道路的密度。

田间道(机耕路)的路面宽度应为3~6米,生产路的路面宽度不宜超过3米。在大型机械化作业区,田间道(机耕路)的路面宽度可适当放宽。

田间道路通达度指在集中连片的田块中,田间道路直接通达的田块数占田块总数的比率。平原区应达到100%,丘陵区应不低于90%。

5.农田防护与生态环境保持工程

农田防护与生态环境保持工程指为保障土地利用活动安全、保持和改善生态条件、防止或减少污染和自然灾害等所采取的各种措施,包括农田林网工程、岸坡防护工程、沟道治理工程和坡面防护工程。

农田防护与生态环境保持工程应根据田、路、渠、沟等统一规划,与农村居民点景观建设相协调。

根据因害设防原则,合理设置农田防护林。坡面防护工程应合理布置截水沟、排洪沟等坡面水系工程,系统拦蓄和排泄坡面径流。谷坊、沟头防护等沟道治理工程措施应全面规划,综合治理。

农田防洪标准重现期应为10~20年一遇。

农田防护面积比例指通过各类农田防护与生态环境保持工程建设,受防护的农田面积占建设区农田总面积的比例。农田防护面积比例应不低于90%。

6.农田输配电工程

农田输配电工程指为泵站、机井以及信息化工程等提供电力保障所需的强电、弱电等各种措施,包括输电线路工程和变配电装置。

农田输配电工程布设应与排灌、道路工程相协调,符合电力系统安装与运行相关标准,保证用电质量和安全。

高压输电线路应采用钢芯铝绞线等高压电缆,一般输送220千伏以下的输电电压;低压输电线路应采用低压电缆,一般输送380伏及以下的输电电压,采用三相五线制接法,并应设立相应标识。

变配电装置应采用适合的变台、变压器、配电箱(屏)、断路器、互感器、起动器、避雷器、接地装置、弱电井等相关设施。

应根据高标准农田现代化、信息化的管理和建设要求,合理布设弱电设施。

▶ 第三节　节水灌溉技术的应用策略

在建设高标准农田的过程中,水资源是必不可少的因素。节水灌溉技术在高标准农田的应用包括滴灌、喷灌、管灌、提水灌溉、防渗技术等。通过合理地选择灌溉方式、落实规范的管理工作、培养高层次人才、落实高标准农田灌溉技术扶持政策等措施,可有效地推动节水灌溉技术在高标准农田的应用,促进我国农业的发展。

一　节水灌溉技术

节水灌溉是高标准农田建设的重要内容之一,是农业节水最直接、最有效的方式,有利于促进水资源集约节约利用,提高农业综合生产能力。

1. 节水灌溉技术

高标准农田建设过程中,滴灌、喷灌等节水灌溉技术应用比较普遍。滴灌灌溉主要通过管道的应用向农田中输送灌溉用水,同时借助管道上所设置的多个小孔使水源直接流入植物根部。相关研究发现,和地表灌溉方式相比,应用滴灌灌溉技术可节约1/3~1/2的水量;和喷灌技术相比,用水量能节约15%~25%。在滴灌系统建设及应用过程中,可以比较准确地对所有灌水器的具体出水量加以控制,并使灌溉均匀度保持在85%~90%。另外,由于滴灌灌溉技术在实际应用中保持低压状态,所以

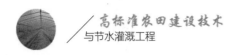

具有非常低的能耗,基本上在所有类型的土地和相关农作物种植期间都可用此技术进行灌溉。不过,滴灌灌溉技术在实践应用当中会因为毛管和滴水器都相对细小,加上水源中含有泥沙等相关物质,容易引发堵塞情况。

喷灌灌溉其实就是通过均匀平喷的方式对大面积农作物进行有效灌溉。在喷灌技术应用中,无须投入过多人力资源,通过对机械设施的应用,可实现农作物高效灌溉工作。喷灌技术应用期间,其输水方式主要为管道运输,可明显减少灌溉用水输送期间的水资源流失情况,同时灌溉期间可有效地控制灌溉数量和具体强度,确保均匀灌溉,基本上不会发生深层水分渗透情况。此种灌溉方式和地面灌溉方式相比,用水量可节约30%~50%,大部分农田以及农作物都可用此方式进行灌溉。喷灌技术对地形没有较高要求,即便农田坡度达到5°,依旧可以应用此灌溉方式。不过,喷灌技术应用期间如果遇到大风天气,容易造成大量水滴被风吹走,同时还会对喷灌射程产生影响,引发不均匀灌溉情况。所以,在此技术应用中,若自然风力高于4级就需暂停喷灌。喷灌主要采用向空气当中喷洒水分的方式来进行灌溉,这一方式和地面灌溉相比蒸发量更高,所以,最好在风力较小的时候或夜间应用此技术。喷灌灌溉技术可实现均匀灌水,有助于节约人力资源、工作量及土地资源。不过,此灌溉技术也有一定缺点,即喷灌设施一次性资金投入较大,并且设施能耗相对较高。

提水灌溉技术比较适合应用在地势复杂、落差较大的山区,并且区域内具有较多河流。若区域内处于地高水低的状态,无法通过河流落差实现自流灌溉,则可应用提水灌溉技术。在提水灌溉技术中,其灌溉系统主要包括高位水池、上水管、水泵、进水管、进水池、取水口等。选择恰当的河流和取水口相连接,之后连接进水池,同时将进水管安装于进水池底部,水泵和进水管底部相连接,上水管与水泵出入口相连接,之后高位水池和上水管相连接,将配水管道布置在高位水池,并同步将水输送至田间进行灌溉。施肥器和配水主干管相结合,同时将施肥器和配水所用支管相连接,管道上分布有大量小孔,同步进行胶垫的安装,保持旁通和胶垫互相连接,旁通和滴灌带也相互连接。滴灌带既可放置在土壤之上,也可分布于土壤之下。在设置提水灌溉系统期间,水泵进水口与进水池底部两者高度落差需超过2米,同时所灌溉水田和高位水池两者高度落差不可小于10米,以确保滴灌期间压力充足。这一技术其实是在滴灌技术基础上发展而来的,滴灌技术所具有的优劣势同样体现在此技术当中。不过,因为此灌溉系统更庞大,所以资金投入量也更大。

除上述节水灌溉方式之外,小管出流、渗灌等方式也在各地结合不同种植作物的需水特性等要求得到广泛的应用。

2.节水灌溉优点

(1)节水节肥。节水灌溉工程通过灌溉渠道与管道,将灌溉水直接引入农田,通过水肥一体化施肥设备随水施肥,精确控制作物的灌溉与施肥量,在提高灌溉水利用系数的同时减少了肥料的浪费。

(2)节省人工。节水灌溉工程采用智能化灌溉施肥设备,设备可按照预先设定的程序自动运行,基本可实现无人值守,大大节省人工。

(二) 合理选择节水灌溉技术

1.根据自然环境因素选择节水灌溉技术

在农业生产的过程中,不同地区种植的农作物会有一定的差异。此外,不同地区的水源、土壤、光照、温度等自然环境因素也存在一定的差异。因此,需要根据实际情况选择灌溉技术。例如:对于水资源充足、地势平坦的农作物集中种植区,可选择喷灌;对水资源相对匮乏的地区,可选择滴灌;对水资源充足、地势平坦的小块种植区,可选择管灌等。这样既满足了当地的灌溉需求,还有效节约了水资源。

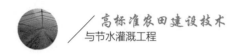
2.根据经济发展条件选择节水灌溉技术

在考虑自然环境因素的基础上,选择节水灌溉技术也需要考虑经济发展条件,包括农作物种类、土地经营方式、灌溉技术成本等。例如,在经济欠发达地区,节水灌溉技术应选择高性价比的技术,既要尽可能地满足灌溉需求,也要降低成本投入。对经济发达的地区,应以节约水资源为主,尽可能选择节水效率高的灌溉方式。

3.减少输水环节的水资源浪费

目前,我国农田灌溉输水方式以渠道输水为主。由于输水线路相对较长,在输水过程中很容易因渗漏地下、太阳蒸发等因素导致水资源的浪费,不符合高标准农田发展的需求。因此,需要切实降低水资源的浪费率,可以采取提高渠道的防渗性、降低管道输水蒸发率等措施。

三 规范管理工作

1.全面了解地区情况

在高标准农田建设中,应用节水灌溉技术之前,各个地区的相关部门应全面了解本地区的情况,掌握农作物的习性以及农业生产的特点,并以此为依据开展节水灌溉规划。例如,了解不同农作物在不同生长阶段对水分的具体需求量,依据自然因素变化周期合理地安排农作物生产等,并由相关部门分析与总结各类数据,为后续节水灌溉工作的开展奠定基础。

2.明确高标准农田节水灌溉技术的管理内容

在完成上述工作的基础上,相关部门需要进一步明确管理内容,规定高标准农田灌溉的具体标准,以节水量为主要参数,要求灌溉时必须达到规定的节水标准。同时,也应明确农作物的灌溉方式、灌溉技术使用方法等,指导节水灌溉技术在高标准农田建设中的应用,注重其操作性。

3.建立高标准农田节水灌溉技术区域管理模式

相关部门应以市场需求为依据设计农业种植以及节水灌溉技术的应用,合理布局农作物种植结构,达到节约水资源的目的。另外,相关管理人员应积极融入群众,积极开展走访调查,大力宣扬高标准农田的重要性以及节水灌溉技术对农业种植发展的意义,引导群众积极参与农业生产结构优化工作,将节水灌溉技术的价值充分发挥出来。

四 培养专业人才

1.加大预备人才培养力度

从国家层面出发,面向高中毕业生宣传农业对国民经济发展的重要意义,同时采取降低学费、助学补贴等措施,鼓励高中毕业生积极报考相关专业;对于在校学生,由国家设置相应的奖学金制度奖励在专业领域成绩优异的学生,以此提高其他学生对专业课程的重视程度;对于相关专业的毕业生,国家通过积极引导就业的方式帮助其在农业领域就业,实现人才资源的充分利用。

2.加大人才培训力度

要求各地农业部门重视人才培训工作,定期邀请高校教授以讲座、研讨会的形式,宣传高品质农田建设中节水灌溉技术的相关知识,或者安排人才到其他单位进行交流学习,以实践活动为主,有效提升人才的专业水平。同时,为了检验培训成果,当地农业部门可以设置相应的考核制度,对成绩突出的人才给予一定的奖励,以此激发其他人员培训的动力;对于成绩不理想的人才,通过约谈的形式帮助其发现自身的不足。

3.加大人才引进力度

各地的农业部门应不断完善人才引进政策,以文件的形式规范人才引进流程,为节水灌溉技术在高标准农田中的应用提供支持。在此基础上,选择多种方式引进人才,如咨询、实习聘用、技术合作等,但都要以专

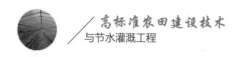

业技术为主要考核依据,综合选择专业技术水平高的人才。此外,为引进人才提供良好的发展平台,需要设置相应的补贴政策,也可以采取提供事业编制的形式。

五 落实扶持政策

为了最大限度地推动节水灌溉技术在高标准农田建设中的应用,需要落实高标准农田节水灌溉技术扶持政策,降低农户引进新型灌溉技术的成本投入。这就要求国家从现实角度出发,通过以下三点措施,推动两者的结合。

1.提升农民对节水灌溉的认识

提升农民对节水灌溉的认识是发展节水灌溉技术的关键,这就要求相关部门加大宣传力度,通过广播播放、组织活动等形式,充分激发农民的积极性。同时,也可以通过创建模范村庄的形式,向农民展示应用节水灌溉技术的优势,鼓励农民积极引进节水灌溉设备。此外,也需要派遣专业人员定期到村庄讲解节水灌溉技术相关知识,以有效提高农业灌溉水资源的利用率。

2.加大资金投入

在建设高标准农田时,相关部门应加强对节水灌溉技术的重视程度,通过多种方式拓展资金来源,并将其投入到相关领域中。同时,政府部门根据高标准农田建设应用节水灌溉技术的实际资金需求,合理地调整财政支出,保障足够的资金支持。此外,还需要进一步完善财政支持政策,明确划分财政支持范围,保障节水灌溉技术的推广有充足、到位的资金支持。

3.落实高标准农田节水灌溉技术补贴政策

为了进一步推广节水灌溉技术在高标准农田的应用,降低农民的成本,需要落实高标准农田节水灌溉技术补贴政策。这就要求政府部门提高对设置节水灌溉技术补贴的重视程度，根据当地发展的实际情况，合理地设置补贴金额。同时，尽可能平均每种节水灌溉技术的补贴金额，避免发生农民为获得更多补贴而只引进某一种技术的情况，有效推动节水灌溉技术的应用。

第二章　农业节水灌溉工程

第一节　农业节水灌溉工程简介

本节介绍农业节水灌溉工程的意义，阐述农业节水灌溉工程的组成，简述农业节水灌溉工程的建设流程，以及展望未来农业节水灌溉工程的发展。

一　节水灌溉与农业节水灌溉工程

1. 节水灌溉

节水灌溉是根据作物需水规律和当地供水条件，高效利用降水和灌溉水，以取得农业最佳经济效益、社会效益和环境效益的综合措施。

节水灌溉以最低限度的用水量获得最大的产量或收益，是最大限度地提高单位灌溉水量的农作物产量和产值的灌溉措施。

节水灌溉的主要措施包括工程节水措施、农艺节水措施、管理节水措施等三个方面。

（1）工程节水措施。采用工程措施，降低水从水源流至作物根系的损耗，从而实现节水。如兴建水池、水窖、山塘、水库等水源工程；对渠道进行防渗处理，把明渠改成管道输水，配套完善渠系、管道上的各种闸、阀，安装计量装置等；采用喷灌、微灌等先进灌水方法，改进沟灌、畦灌、淹灌等传统地面灌水技术。

(2)农艺节水措施。根据当地水源条件,调整作物种植结构,最大化利用有限的水资源。如种植耗水少、耐旱品种;平整土地,深耕松土,增施有机肥,改善土壤团粒结构,增加土壤蓄水能力;采取塑料薄膜或作物秸秆覆盖等措施保水保墒,减少水分蒸发损失等。

(3)管理节水措施。通过规章制度,在水资源分配、使用上优化,减少水资源浪费,进而实现节水。如制定鼓励节水的政策、法规,调整水价,用节水型的灌溉制度指导灌水,完善基层用水管水组织,健全节水规章制度,落实节水责任制等。还有加强节水宣传、经验交流、举办培训班来普及节水知识等。

2.农业节水灌溉工程

农业节水灌溉工程通过各种工程手段,利用目前已有的节水灌溉技术,减少输配水过程中跑水和漏水损失,以及田间灌水过程中深层渗漏损失,实现灌溉用水的高效利用,进而实现高效节水,最终达到农业生产的最佳经济效益、社会效益和生态效益。

目前运用较为广泛的节水灌溉技术有渠道防渗技术、喷灌和微灌技术。

渠道防渗技术是为了减少输水渠道渠床的透水或建立不易透水的防护层面而采取的各种技术措施。根据所使用的防渗材料,渠道防渗技术可分为砌石防渗、混凝土防渗、膜料防渗、沥青混凝土防渗等。渠道防渗技术不仅可以显著地提高渠系水利用系数,减少渠水渗漏,节约大量灌溉用水;而且可以提高渠道输水安全保证率,提高渠道抗冲性能和输水能力。

喷灌又被称为"喷洒灌溉",是利用水泵和管道系统,在一定的压力下把水喷到空中,使水以细小的水滴的形式均匀降落在田间,为作物正常生长提供必要水分条件的一种先进灌溉方式,有显著的节水增产效益。与一般地面灌溉方式相比,喷灌能将水的利用系数提高30%~50%。

喷灌在节水的同时,还具有增产、省地、保土、保肥、适应强、可综合利用及便于实现灌溉机械化、自动化的优点。因此,在实现我国农业机械化过程中,喷灌起到非常重要的作用。

微灌是根据作物需水要求,通过低压管道系统与安装在末级管道上的灌水器,将作物生长所需的水分和养分以较小的流量均匀、准确地直接输送到作物根部附近的表面或土层中的灌水方法。微灌是一种现代化、精细高效的节水技术,包括滴灌、微喷灌、涌泉灌和渗灌等,是用水效率极高的节水技术之一。与地面灌和喷灌相比,微灌属于局部灌溉,具有省水节能、灌水均匀、适应性强、操作方便等优点。

二 国内外发展情况

1.国外农业节水灌溉工程的发展情况

本书中,以美国和以色列为例,介绍国外节水灌溉的概况。美国农业节水灌溉工程主要针对输水、灌水、田间三个环节,地面灌溉特别强调通过提高田间入渗均匀度,实现节水,同时做到输水管道化。地面灌溉技术在美国农业节水灌溉工程中占主导地位,60%以上的农业灌溉采用这种灌溉技术,其方法主要有沟灌、畦灌。美国的沟灌与畦灌是经过技术改良的,它融合了现代最新技术成果与科研成就,所以传统的灌溉方法在美国仍然具有较高的科技含量。沟灌或畦灌的田间环节大部分采用管道输水,水通过管道直送沟、畦,因此,输水过程的水损失相当少。田间环节通过激光平整、脉冲灌水、尾水回收利用等技术,灌水均匀度很高,水流均匀入渗,从而提高灌水效率。输水防渗、田间改造及相应的配套设备,构成美国地面灌溉节水的三个核心内容。

以色列在发展农业灌溉工程的过程中非常重视国家引水工程的建造。1953年,以色列开始修建巨大的北水南调工程。1964年,该工程竣工投入运行。该工程骨干管道将北部水一直输送到南部干旱沙漠地区,使全国耕地面积从16 500平方千米增加到44 000平方千米,有效灌溉面积从300平方千米扩大到2 500平方千米以上。

以色列在农业节水灌溉工程中主要采用滴灌和喷灌系统,每个系统都装有电子传感器和测定水、肥需求的计算机,操作者在办公室内遥控,且灌溉和施肥可同时进行。滴灌系统通过塑料管道和滴头将水直接送至需水的作物根部,可以用少量的水达到很好的灌溉效果,减少了田间灌溉过程中的渗漏和蒸发损失,水、肥利用率为80%~90%。农业用水减少30%以上,节省肥料30%~50%。在缺水的地区,滴灌能使荒地、废地变成生产区。滴灌可以高效利用水资源,并降低生产成本。滴灌系统适用于干旱地区、雨量充足的地区以及气候恶劣、广泛应用塑料大棚和温室的地区。目前,以色列全国2 500平方千米的灌溉区域已全部实现喷灌、滴灌化。

2.国内农业节水灌溉工程的发展情况

我国的农业节水灌溉工程已有2 000多年的历史。春秋时期,楚国修建了芍陂灌溉工程,该工程利用至今,成为渭河灌溉工程的组成部分。战国时期,秦国修建了都江堰和郑国渠。其中都江堰举世闻名,其原理之科学、设计之巧妙、规模之巨大、布局之合理,世所罕见。

我国现代农业节水灌溉工程的发展经历了以下三个阶段:

(1)20世纪70年代中期到80年代后期是节水灌溉技术及生产设备的引进、消化、吸收阶段。这一阶段,我国政府开始从美国、以色列等发达国家引进喷灌、滴灌技术和这类灌溉系统的生产设备,并花费10多年时间在国内进行相关的试验、消化和研发。这个阶段,我国的农业节水灌溉工程尚处于发展初期。除少数与科研单位合作参与试验、研发和制造的工厂以外,生产喷灌、微灌产品的企业很少。而且由于当时国内的水利、农业、林业、园林以及其他相关行业仍采用传统的地面漫灌方式进行灌溉,所以国内几乎没有从事节水灌溉工程设计与施工的公司。因

此,我国的农业节水灌溉工程在这个阶段力量非常薄弱,没有行业优势,也几乎没有市场和经营行为。

(2)20世纪90年代初期到20世纪末是农业节水灌溉技术推广、农业节水灌溉工程快速发展阶段。由于国内水资源的普遍匮乏和先进的种植技术、水肥技术以及其他更为优良农业技术的采用,国家开始推广节水灌溉技术,并逐年加大力度。10年间,国家通过建立节水灌溉重点县和示范区、发放节水灌溉项目贴息贷款和节水灌溉企业技改贷款等方式支持和推进节水灌溉行业的发展,大力扶持国内的节水灌溉企业发展。在这个阶段,我国的农业节水灌溉工程进入了快速发展期,尤其是在20世纪90年代中后期,节水灌溉产品的生产企业数量每年都在成倍增长,短短几年间,百余家制造节水灌溉产品的企业遍布全国。这个时期由于水利、农业及其相关行业对节水灌溉产品和技术的需求旺盛,我国的农业节水灌溉工程发展很快,开始形成一定的规模和初期的市场。

(3)21世纪初至今是农业节水灌溉工程大力发展的时期,其前景很被看好。在10年快速发展期间,节水灌溉设备生产企业的数目增长很快,同一节水灌溉设备被多家企业同时生产的现象相当普遍。据不完全统计,截至目前,国内从事节水灌溉产品制造和工程建设的企业约有500家,导致节水灌溉产品的供需市场在短时间内发生了较大的变化,但大多数企业规模较小,使得市场竞争日趋激烈。与此同时,大多数企业的生产和经营状况却是:规模较小,资金较少,技术水平较低或缺乏各种专业技术人员合理搭配的较为完整的技术体系;研发和创新能力较弱,新产品难以出现;所生产的技术含量较高、制造工艺要求相对较高的产品和国外同类产品比较仍然有较大的差距;由于生产设备和管理上的原因,造成有些企业的产品质量不稳定。

三 发展农业节水灌溉工程的意义

当今世界面临着人口、资源与环境三大问题,水资源是各种资源中一种不可替代的重要资源。水资源与环境密切相关,也与人口相关,水资源问题已成为举世瞩目的重要问题之一。水资源短缺问题是影响我国经济可持续发展的主要问题之一。我国人均水资源仅有2 100立方米,是世界平均水平的28%,而我国农业用水占总用水量的73%,其中农田灌溉用水占66%。因此,在农业生产过程中,需要切实提高水资源利用率,采取长效措施降低农田灌溉用水总量,保证我国经济可持续发展。农业节水灌溉工程的有效应用在提高水资源利用率的同时进一步增加了农业产量,是推动农业现代化发展的重要保障。发展农业节水灌溉工程具有以下优点及意义:

(1)可以减少当前和未来的用水量,维持水资源的可持续利用。

(2)可以提高水资源的利用率,有效提升控制面积作物的灌溉保证率,增加农作物产量,提高农作物品质,节约劳动力,增加效益。

(3)可以缓解当地水资源供需矛盾,有效改善灌排条件、土壤条件、耕作条件,地下水开采量减少。在降水量较为充分、地下水补给好的区域,将非充分灌溉区转变为充分灌溉区,可全面提高作物产量,保证水资源的可持续利用。

(4)可使农田小气候得到有效调节,进一步提高农业生产效率,为农业的可持续发展提供先决条件。

(5)可以增强对干旱的预防能力,短期节水措施可以带来立竿见影的效果,而长期节水则因大大降低了水资源的消耗量而加强了正常时期的干旱防备能力。

(6)推动农业现代化的发展进程,加快农业结构调整步伐。

(7)具有明显的环境效益,除了提高水资源承载能力、水环境承载能

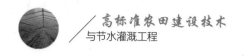

力等方面的效益,还具有美化环境、维护河流生态平衡等方面的效益。

▶ 第二节　农业节水灌溉工程组成

农业节水灌溉工程是减少灌溉输配水系统和田间灌溉过程的水损耗而采取的工程措施,主要由灌溉水源、首部枢纽、输配水管网、灌水器等组成,包括渠道防渗、低压管道输水、喷灌、微灌、雨水集蓄利用等工程以及与其相联系的水源工程、地面灌溉的田间工程等。

一　灌溉水源

目前,农业节水灌溉工程的灌溉水源主要来自江河、湖泊、池塘、井渠以及蓄水池。对灌溉水源有以下要求:

(1)节水灌溉应优化配置,合理利用,节约水资源,发挥灌溉用水的最大效益;应优先使用地表水,合理利用地下水;井渠结合灌区应通过地表水与地下水的联合调度运用,提高灌溉水的重复利用率;有条件的地表水灌区应合理利用灌溉回归水。

(2)灌溉水的水质应该符合现行国家标准《农田灌溉水质标准》(GB 5084—2021)的规定。

(3)新建、扩建的灌溉工程项目,当取水量较大且易对周边环境造成影响时,应严格执行建设项目水资源论证制度并编制水资源论证报告。

(4)农业节水灌溉工程取水量不得超过灌溉的可利用水量,在地下水超采区或挤占生态用水的地表水灌区不得增加灌溉取水量,不得新开采深层承压水发展灌溉。

(5)集蓄雨水作为灌溉水源时集流能力应与蓄水容量相协调,并应满足农业节水灌溉工程用水量要求。

二 首部枢纽

首部枢纽主要由提水设备、过滤设备、量测设备、施肥系统、调控系统构成。首部枢纽的作用是将灌溉水源经过加压、过滤、加肥等措施，处理成符合农业节水灌溉工程要求的水源，最后输送到灌溉管网进行灌溉。

1.建设标准

根据不同的灌溉方式，农业节水灌溉工程首部枢纽的组成是可调整的，如管灌工程首部枢纽就可根据水质情况决定是否需要配备水质净化处理装置。首部枢纽设计应该依据国家标准《微灌工程技术标准》（GB/T 50485—2020）。

2.建设内容

根据项目特点，首部枢纽建设包括泵房建设、设备组装、管道铺设等。

三 输配水管网

输配水管网是担任输送沿线流量，并将水通过分配管送至用户的管系（有时还输送转输流量）。它是给水系统中重要组成部分之一，由水管与其他构筑物（如水泵站、水塔等）组成。

农业节水灌溉工程规划灌溉水流程为：水源工程（湖泊水、沉淀池）—输配水管网（干管、支管、毛管）—灌水器—根层土壤。常见输配水管网由干管、支管、毛管三级管道构成。通常，干管采用PE管，埋设在地下；支管用PE软管；毛管用微灌管。一条支管与其控制的毛管构成一个灌水小区，单行毛管沿作物种植方向布置，支管垂直于毛管布置，管道间距由毛管的实际铺设长度决定。毛管、支管、干管相互垂直布置。

四 灌水器

灌水器是一种将水喷洒到土壤的工具,其工作原理是将末级管道(毛管)内的水均匀稳定地注入作物根部附近的土壤,以满足作物生长对水分的要求。

灌水器的选择会直接影响微灌系统的使用寿命和灌溉质量。一般情况下,灌水器要满足偏差系数在 0.07 以下的要求;水量小而稳定,受水头变化的影响较小;结构简单,便于制造、安装和清洗;坚固耐用,费用低廉。

▶ 第三节 农业节水灌溉工程建设流程

一 农业节水灌溉工程设计

1.设计原则

农业节水灌溉工程设计应在批准的规划或可行性研究报告的基础上,进行补充调查、勘察,取得可靠的基本资料;应说明农业节水灌溉工程设计依据的主要技术标准和相关文件,明确节水灌溉工程等别、各建筑物级别。农业节水灌溉工程设计应收集气象、水源、地形、水文地质、土壤、作物、水利工程、灌溉试验、能源、材料设备、经济社会及有关规划等方面的基本资料,并进行合理性和可靠性分析。

农业节水灌溉工程设计应与当地水资源开发利用、土地利用、水利发展、农业发展及生态环境保护等规划相协调,应符合现代农业建设、高标准农田建设等方面的要求,应充分利用已有水利工程设施,并应与农田排水、田间道路、农田防护林网、供电设施等统筹安排。

农业节水灌溉工程设计应对规划报告的水资源平衡分析成果进行复核,明确灌溉设计标准、作物灌溉制度,核定灌溉设计保证率条件下的灌溉用水量,确定工程建设范围和规模。农业节水灌溉工程设计应在技术方案比较的基础上确定工程总体布置方案和主要工程建设内容。农业节水灌溉工程设计应包括水源工程、首部枢纽、输配水渠(管)网、田间工程以及各类辅助工程设计等。

2.设计规定

农业节水灌溉工程设计应符合下列规定:

(1)工程设计应对批准的工程规模范围内的所有单项工程进行全面设计。

(2)进行水源工程设计,对水量进行平衡分析计算,确定设计水平年供水量;工程设计应符合现行国家标准《灌溉与排水工程设计规范》(GB 50288—2018)、《泵站设计标准》(GB 50265—2022)和《机井技术规范》(GB/T 50625—2010)的规定。

(3)防渗渠道设计应在水力计算基础上,提出渠道纵横断面设计和防渗衬砌结构设计成果;大中型渠道应根据沿线地质条件和设计断面情况,进行边坡稳定分析计算。

(4)喷灌、微灌设计应提出首部枢纽和田间管网布置方案,选定灌水器(给水栓)参数,确定灌溉制度和工作制度,提出水力计算成果。

(5)渠道防渗输水灌溉工程设计应提出田间沟、畦与格田等改进地面灌溉的方案。

(6)对输水损失大、输水效率低的骨干渠道应采取防渗措施。

(7)有自压条件的灌区或提水灌区应采用管道输水,地下水灌区应采用管道输水。

(8)经济作物种植区设施农业区、高效农业区集中连片规模经营区以及受土壤质地或地形限制难以实施地面灌溉的地区应采用喷灌、微灌

技术,山丘区宜利用地面自然坡降发展自压喷灌微灌技术。

(9)以雨水集蓄工程为水源的地区应采用微灌技术。

3.灌溉水利用系数的要求

渠系水利用系数应符合下列规定:大型灌区不应低于0.55,中型灌区不应低于0.65,小型灌区不应低于0.75;地下水灌区不应低于0.90。

管系水利用系数不应低于0.95。

田间水利用系数应符合:水稻灌区不宜低于0.95,旱作物灌区不宜低于0.90。

灌溉水利用系数应符合下列规定:渠道防渗输水灌溉工程大型灌区不应低于0.50,中型灌区不应低于0.60,小型灌区不应低于0.70,其中地下水灌区不应低于0.80;管道输水灌溉工程不应低于0.80;喷灌工程不应低于0.80;微灌工程不应低于0.85,滴灌工程不应低于0.90。

二 农业节水灌溉工程建设及管理

1.严格工程建设管理程序

农业节水灌溉工程建设期内,规范工程建设管理程序,因地制宜细化实施措施,稳步推进高效节水灌溉工程建设。项目法人要严格按照水利工程建设管理程序和建设法规组织工程建设,依据批复的建设规模和内容要求,严格资金管理,实行项目法人责任制、招标投标制、建设监理制、合同管理制的质量管理体系,以保证工程建设质量,确保工程发挥应有的效益。

2.全面实施建设监理制

在工程建设中引入完善的建设监理制,做到建设方、施工方及监理方在工程建设中各负其责,严格按照国家建设质量管理规则的要求进行工程的每一步施工,不能随意降低建设标准,每完成一道工序及时组织验收。特别是隐蔽工程,要进行联检验收,验收合格后方可进行下道工序的施工。对完成的分部工程要及时组织单位验收、建立健全工程的各类技术档案。确保工程建设各个环节技术资料齐全并达到国家规定的建设标准,建立建设工程质量领导人责任制和终身责任制,以确保工程质量,制订科学合理的施工进度计划,在工程施工中避免发生人为的干扰,按期完工,以免造成资金浪费及工期延误。

3.因地制宜创新建设模式

紧紧围绕乡村振兴战略、脱贫攻坚和生态文明建设需求,以深化改革为动力,以强化制度为抓手,以水资源节约保护、高效利用为核心,以高效节水灌溉工程建设为重点,综合集成农业面源污染生态修复技术,不断创新工程建设管理体制,深入推进农业水价综合改革,全面提高农业用水效率和效益,促进农业可持续发展。充分认识高效节水灌溉工程建设的特点与难点,合理选择项目实施范围与实施模式,形成灵活的组织实施方式。积极引导受益农户参与工程建设管理,开展二次监理,建立并推广小型农村水利建设农民监督员机制,形成政府监管、工程监理和受益农户监督相结合的监督体系,有效保证工程建设质量。

4.切实抓好安全生产

由于管道开挖、管件连接、管路填埋等环节多存在安全隐患,容易发生安全生产事故,主管部门要强化安全措施,加强对安全生产的监管,各施工单位要切实强化安全施工意识,保证人员安全、质量安全,确保工程建设安全不出现任何问题。

三 农业节水灌溉工程维护

1.全面检测农田水利灌渠的基础设施性能

农田水利灌溉基础设施主要包含灌溉渠道设施与设备。农田灌溉水渠的良好经济效益与安全效益能否得到最大限度维持,根本上决定于灌溉渠道设施与设备系统。因此,工程运行维护负责人员必须要运用智

能化的工程检测手段来判断农田水利灌溉渠道的基础设施安全性能,以便于及时查找灌溉渠道各个节点部位潜在安全隐患,严格防控灌溉渠道运行风险。

2.及时更换与维修工程机械设备

农田水利灌溉渠道所处的工程设备运行环境具有特殊性,因为农田灌溉渠道长期运行于腐蚀性较强的农田土壤环境中,客观上增加了灌溉渠道基础设备遭到腐蚀与损坏的风险。为了确保灌溉渠道不会频繁出现渠道渗漏以及其他安全事故,工程维修人员必须要经常检测渠道破损部位,定期实施农田灌溉渠道破损结构部件的更换与维修操作。工程维修人员只有做到了定期更换存在渗漏风险的灌溉水渠设备设施,才能确保灌渠安全性能得到最大限度发挥,合理节约水资源。

3.引进工程维护管理工艺技术

现阶段的农田水利灌溉基础设备设施系统已经趋向于成熟化与智能化,并且现有的节水灌溉工艺手段也在逐步完善。节水灌溉工程的维护管理工艺技术在农田灌溉工程领域的全面推广、引进,使农田灌渠工程得到安全运行与维护,确保顺利实施工程安全运行管理。因此,在目前的状况下,各个农业种植区对于节水灌溉的农田工程安全保障基础设施应当予以更大力度引进。

第三章 首部枢纽和泵房

首部枢纽是农业节水灌溉工程的核心,其造价常占工程总造价的50%以上。

农业节水灌溉工程首部枢纽由泵房及安装在泵房内的设备组成。常用设备包括水泵、过滤装置、仪表、传感器、阀门、控制设备、施肥设备等。

▶ 第一节 泵 房

泵房是安装水泵、动力机、电气设备及其他辅助设备的建筑物,是泵站建筑物中的主体工程。

泵房是小型节水灌溉工程的重要组成部分。首部枢纽中的水泵、控制系统、仪表等多位于泵房中,过滤设备、施肥设备、部分肥料、农用工具等,以及灌区支管电磁阀等高价值设备也集中在泵房。工程30%以上投资集中在泵房。

一 泵房功能

泵房是日常管理工作的重要节点,具有多种功能。

1.承载功能

泵房用于承载泵房内安装的设备。常用设备有水泵、过滤设备、施肥设备、补水设备、控制系统等。

图 3-1　物联网水肥一体化泵房

泵房用于承载生产工具和生产资料。如肥料、肥料桶、农药、电动喷雾打药机、农具、劳保用品等。

泵房墙面可用于承载显示设备、终端设备。

2. 防护功能

泵房为泵房内设备提供防护。平时,泵房能让设备免受风吹、日晒、雨淋;在冬季,泵房可以保温,防止管道冻裂;在泵房安装监控设备可用于防盗等。

3. 管理功能

泵房可提供管理功能。泵房内设备均可由控制系统进行集中管理。同时,由泵房集中供电、供网,降低管理人力成本。

4. 附属功能

泵房具有展示功能,泵房外墙面可张贴宣传标语、标志等进行展示。

泵房具有安全警示功能,泵房内可安装安全警示设备、安全防护设备等。

泵房具有美化功能,可对泵房进行艺术设计,并进行部分绿化,提升农田灌溉系统的观赏性。

二 泵房建设与管理

1.结构形式

对于有移动需求的泵房,一般采用标准集装箱建设。

对于固定式泵房,在材料上,一般中小型泵房采用活动板房结构,大中型泵房采用砖混结构。

对于水位变幅大的泵房,可以采用漂浮的浮动泵房,或将泵房建在浮舟上。

2.布局

泵房布局应满足以下原则:

泵房建设位置选择要尽量考虑灌区中心、靠近取水点、交通方便、电力供应通畅等。

泵房布置应根据泵站的总体布置要求和站址地质条件、机电设备型号和参数、进出水流道(或管道)、电源进线方向、对外交通道以及有利于泵房施工、机组安装与检修和工程管理等,经技术经济比较确定。

泵房安全是工程的重要组成部分,需妥善布置通道、管道、电路铺设、人行通道、设备运输通道、管道立体分布、工具使用空间、电路等。

3.设计与建设

泵房设计应满足以下原则:

泵房尺寸和高度根据实际情况确定,在满足安全、便于检修等要求的情况下,尺寸尽可能小,降低造价。

根据水源、水泵等确定结构形式。

结构强度符合民用建筑相关规范要求。

造型美观大方。

泵房建设应满足以下原则:

应建在不被水淹的硬基础、老土层上,结构强度符合民用建筑相关

规范要求。

根据设备确定布置形式。

按相关规范要求设置通风、排水、照明等设施,预先布置管、线、沟、槽。

注意安全防护,应至少安装一路安防监控,安装防盗门、窗,在墙上张贴安全标志、标语。

泵房建设选型应满足以下原则:

集装箱泵房或模块化泵房,具有标准化、集成化、规模化、成本低、工期短、运输安装方便等优势,适用于标准化温室大棚灌区。

砖混泵房,具有结构强度高、寿命长、保温性能好等优势,长时间使用可节省整体费用,同时泵房体积可以修建得更大,便于安装大型设备和起重设备,适用于大型灌区。

活动板房,具有建设速度快、造价低的优势,适用于小型灌区。

▶ 第二节 进水池与引水建筑物

一 引水渠与引水管道

引水渠是水利工程中连通水源与泵房的重要构筑物。

1.具体作用

引水渠的具体作用有:

(1)缩短灌区与泵房的距离,使泵房尽可能接近灌区,进而使输水管道的长度尽量缩小,有效降低工程投资。

(2)为水泵正向进水提供条件,提高水泵运转效率,减少能量的消耗。

（3）防止水源与泵房直接接触，从而简化泵房结构，方便施工，降低工程投资。

（4）部分工程中，水源存在水位变化幅度大、泥沙含量高、水面漂浮物多等不利因素，引水渠可提供设置沉沙池的场地并为自流冲沙提供必要的条件，也可设置拦污栅阻挡漂浮物。

在水源水位变幅较大，或地面坡度比较平坦，或设置引水渠不经济时，可以采用引水管道。

引水管道相较于引水渠，具有标准化完善、生产加工容易、修建速度快且渗漏低等明显优势，同时便于安装阀门等配件进行控制。

2.设计与建设

引水渠的过水断面形状一般为梯形，按渠中流速为1.2~1.5米/秒估算其大致断面面积。

确认引水渠长度一般要进行两方面的技术经济比较。一方面是和输水干渠进行对比，因为输水干渠过长往往会引起较大的填方工程量和渗漏损失；另一方面是和出水管道进行对比，出水管道过长不仅会引起投资的增大，同时还会增加能量消耗和水锤事故的危害。

当泵房与水源很近且易于建造时，可不采用引水渠或引水管道。

对于需要设计储水池的泵房，采用引水管道有利于设置浮球阀等装置控制储水池水位。

为延长引水管道使用寿命、避免二次污染等，往往采用地埋安装方式。绿化施工、管线敷设等工序的回填土，可能引起地埋管道产生不均匀沉降。因此，必须重点对引水管道进行保护。

（二）进水池

进水池可为水泵进水提供储水缓冲，优化水泵进水流态，设计良好的进水池可有效增加水泵工作效率，减少水泵振动。

1.设计与建设

进水池的设计应满足以下要求：

（1）进水池需满足水泵进水需求，应具有足够的容量和深度，对于潜水泵应具有足够的安装深度，对于多泵应保证进水口具有足够的间距。

（2）进水池应修建便于水泵检修和转运的设施，如设置滑轮组和支架、安装起重设备，进而方便水泵的维护。

（3）应设置安全警示标志，防止意外坠落。

（4）进水池设计时应具有足够的结构强度，符合相关标准规范要求。

（5）进水池可设置于泵房下方的地下室，进水池露天设置时，应考虑增加栏杆、顶棚等安全设施。

（6）对于含沙量较高的水源，可根据实际使用需求增设沉沙池等。

进水池可在一定程度上满足水泵的取水要求，同时作为储水水库使用。

如遇到水源变化大，或需要对水进行多次处理，或采用井灌但流量不足等工况时，需要设置额外的储水水库。

2.维护和管理

进水池的维护和管理主要分为如下几个方面：

（1）根据实际使用情况定期检查水位，或设置水位控制装置。

（2）应定时清淤，特别是在含沙量较高的井灌区，需要处理后方可进行灌溉。

（3）进水池的进水口、阀门、顶棚等需进行定时维护。定期进行清淤和冲沙等。

（4）进水池设置于泵房下方的，应特别注意泵房内设备的防潮处理，特别是电气设备的防潮处理。进水池露天布置的，应布置安全措施，设立安全标语。

第三节 水 泵

一 离心泵

离心泵属于叶片泵,叶片泵可将泵中叶轮高速旋转的机械能转化为液体的动能和势能。由于这类泵的叶轮中有弯曲且扭曲的叶片,故被称为"叶片泵"。

1.离心泵分类

按主轴方位分类:

卧式泵:主轴水平放置。

斜式泵:主轴与水平面呈一定角度放置。实际应用中不常见。

立式泵:主轴垂直于水平面放置。

按叶轮的吸入方式分类:

单吸泵:液体从一侧流入叶轮,单吸叶轮。实际应用中多采用单吸泵。

双吸泵:液体从两侧流入叶轮,双吸叶轮。

按叶轮级数分类:

单级泵:泵轴只装一个叶轮。

多级泵:同一泵轴上装有两个或两个以上叶轮,液体依次流过每级叶轮。

按壳体形式分类:

节段式泵:多级泵。

中开式泵:壳体从通过泵轴轴心线的平面上分开。

蜗壳泵:单级泵。

2.特殊结构形式的离心泵

(1)潜水电泵:泵和电动机制成一体,能潜入水中工作,泵体一般为单级或多级立式离心泵和轴流泵。

(2)管道泵:直接安装在水平管道中或竖直管道中运行,泵的进口和出口在一条直线上,且多数情况下进口与出口的口径相同,适用于工业系统中途加压、空调循环水输送及城市高层建筑给水。

(3)自吸泵:首次向泵中灌入少量液体,启动后可自行上水的泵,多为卧式离心泵、旋涡泵等。在喷灌中应用较多。

(4)深井泵:属多级立式离心泵,用来从地下取水的设备,电动机、泵座位于井口上部,泵体淹没在井下水中,电动机通过与输水管同心的长传动轴带动叶轮旋转。

3.离心泵作为主泵的应用

农业灌溉对水泵的要求:造价低、稳定性好、满足流量和扬程的需求。

离心泵作为灌溉主泵具有多种优势:

(1)效率高:对于小型灌区,离心泵工作效率高,部分灌区采用单级泵即可满足扬程需求。

(2)运转稳定:离心泵运转稳定,噪声小、振动小。

(3)调速性能好:离心泵调速性能好,对管道冲击小,配合变频调速功能即可实现调速又能节省动力。变频水泵的应用非常广泛。

(4)价格低:离心泵久经市场考验,市场上遍布各种型号、规格的离心泵,可选择余地大,维修人员多,后期维护成本低。

二 管道泵

管道泵的特点是泵的进出口尺寸相同,处于同一轴线上,可直接安装在管道中。

　　管道泵在远距离输水时应用较多,可以快速安装在管道中,其主要功能为远距离增压。对于小型灌溉工程,管道泵也可作为主泵使用。管道泵作为主泵需考虑补水。

　　管道泵具有多种优点:

　　(1)产量大:管道泵在市政工程中大量采用,具有很高的产量,因而技术成熟,易于采购。

　　(2)尺寸标准:管道泵具有通用的标准尺寸,其进出口尺寸相同,非常便于安装在管道中,同时易于维护。

　　(3)成本低:管道泵产量大,标准化程度高,采购成本较低。

三　自吸泵

　　自吸泵具有结构紧凑、操作方便、运行平稳、维护容易、效率高、寿命长、自吸能力较强等优点。采用自吸泵时管路不需安装底阀,工作前只需保证泵体内储有定量引液即可,大大简化了管路系统,改善了工作条件,降低了对工作环境的要求。因此,自吸泵广泛应用于化工、农业等方面。

　　自吸泵的工作原理是水泵启动前先在泵壳内灌满水(或泵壳内自身存有水),启动后叶轮高速旋转使叶轮槽道中的水流向蜗壳,这时入口形成真空,使进水逆止门打开,吸入管内的空气进入泵内,并经叶轮槽道到达外缘。

　　自吸泵多用于为离心泵补水,采用效率更高的离心泵作为灌溉主泵,最大化利用离心泵的优势。

四　补水泵

　　补水泵用于对不具备自吸功能的离心泵进行补水,多采用自吸泵。补水泵通过止回阀与主管道相连,可实现自动补水。

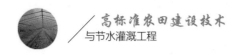
选择补水泵按扬程优先的原则,扬程超过60米用多级离心泵,50米以下用单级离心泵。若采用变频控制,应留有一定的余量。

现场有安装条件的,增加补水桶。补水桶可以从主泵取水,降低对补水泵的需求,提高整体经济效益。

(五) 潜水泵与深井泵

潜水泵指水泵和电机连成一体并潜入水下工作的泵。

潜水泵是深井提水的重要设备。使用时整个机组潜入水中工作,把地下水提取到地表,用于生活用水、矿山抢险、工业冷却、农田灌溉、海水提升、轮船调载、喷泉景观等场景。

1.常用潜水泵

潜水泵分为油浸式、水浸式、干式等。常用潜水泵为充油式潜水泵。充油式潜水泵冷却能力好,功率多大于4千瓦。干式潜水泵功率一般小于3千瓦。

2.选型与安装

潜水泵的常用安装方式分为三种:立式竖直使用,比如在一般的水井中;斜式使用,比如在矿井有斜度的巷道中;卧式使用,比如在水池中使用。

井用潜水泵(深井潜水泵)下井安装一般有两种方式:一种是扬程很低(一般低于30米)的潜水泵可使用软管安装,另一种是扬程较高(一般在30米以上)的潜水泵应采用钢管安装。

小型潜水泵在水池中可采用移动式浮箱安装方式,如图3-2。

3.管理与维护

与离心泵维护不同,潜水泵维护需要特别注意以下方面:

(1)电缆防水:潜水泵在水下工作时,电缆也一同浸没水中,潜水泵电缆接头必须经过严格处理,严防短路事故和触电事故的发生。

图3-2　潜水泵浮箱安装

（2）动力系统过载：潜水泵安装在井下时，随着灌溉的进行，井水水面下降，变频系统会不断增加电动机电流，最终导致变频系统过载，严重的会造成电动机过载发热，电动机烧毁。潜水泵使用时应在变频系统内设置电流保护值，避免出现电动机烧毁。

（3）水泵过载：充油式潜水泵过载时，油温过高会导致水泵损坏。使用时应注意水泵工作时间。

（4）进水孔锈蚀堵塞：潜水泵长时间在井下工作，会慢慢出现锈蚀，应定期检查进水孔的锈蚀情况。

▶ 第四节　过滤装置

过滤器用来消除介质中的杂质，是输送介质管道上不可缺少的一种装置，通常安装在减压阀、泄压阀、定水位阀或其他设备的进口端，以保护阀门及设备的正常使用。

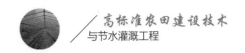

一 过滤器分类

过滤器种类繁多,常见的有以下几种。

1.砂石填料过滤器

砂石过滤器又称"石英砂过滤器""砂滤器",它是通过均质等粒径石英砂形成砂床作为过滤载体进行立体深层过滤的过滤器,常用于一级过滤。这种过滤器主要采用砂石作为滤料进行过滤。

砂石过滤器是介质过滤器之一,其砂床是三维过滤,具有较强的截获污物的能力,适用于深井水过滤、农用水处理、各种水处理工艺预处理等,可用于工厂、农村、宾馆、学校、园艺场、水厂等各种场所。

在所有过滤器中,用砂石过滤器处理水中有机杂质和无机杂质最为有效。这种过滤器滤出和存留杂质的能力很强,并可不间断供水。只要水中有机物含量超过10毫克/升时,无论无机物含量有多少,均应选用砂石过滤器。

2.离心式过滤器

离心式过滤器基于重力及离心力的工作原理,清除重于水的固体颗粒。

离心式过滤器没有滤芯。水由进水管切向进入离心过滤器体内,旋转产生离心力,推动泥沙及密度较高的固体颗粒沿管壁流动,形成旋流,使沙子和石块进入集砂罐,净水则顺流沿出水口流出,即完成水沙分离。

离心式过滤器多配有冲洗阀门。使用时,只需要打开冲洗阀门即可将集砂罐内的杂质清除。

3.网式过滤器

网式过滤器由外壳、滤芯、排污及附属部分组成。待处理的水经过网式过滤器滤芯过滤后,其杂质被阻挡。

网式过滤器的滤芯为过滤网。当流体进入置有一定规格滤网的滤芯后,其杂质被阻挡,而清洁的滤液则由过滤器出口排出。当滤芯需要清洗时,只要将可拆卸的滤筒取出,处理后重新装入即可。因此,网式过滤器的使用和维护极为方便。

网式过滤器的滤芯内部光滑,外部为固定滤网的骨架。因此,网式过滤器的水流方向为从滤芯内部流向滤芯外部。

4.叠片式过滤器

叠片式过滤器结构与网式过滤器相比,仅滤芯不同。叠片式过滤器的滤芯为塑料叠片,其叠片单元两面均刻有大量80目178微米和150目106微米的沟槽。一组同种模式的叠片压在特别设计的内撑上。弹簧和液体压力压紧时,叠片之间的沟槽交叉,从而制造出拥有一系列独特过滤通道的深层过滤单元。

叠片式过滤器的水流方向为从滤芯外部流向滤芯内部。

5.反冲洗过滤器

反冲洗过滤器可实现不停机自动清洗。对于双通道反冲洗过滤器,在过滤工作状态下,进水经两个过滤单元过滤后进入出水管;在反冲洗工作状态下,其中一个过滤单元保持过滤状态,另一个过滤单元通过阀门改变水流方向,使过滤后的水从出水管反向进入过滤单元,冲洗过滤单元中的杂质排入排污管,冲洗完成后,阀门恢复原状态,未冲洗的过滤单元重复上述流程直至所有过滤单元反冲洗完成。

反冲洗过滤器通常应用于砂石过滤器和叠片式过滤器,其在叠片式过滤器上获得了广泛应用。

反冲洗过滤器适用于水中杂质或漂浮物多的水源,可通过自动反冲洗功能节省人力成本。

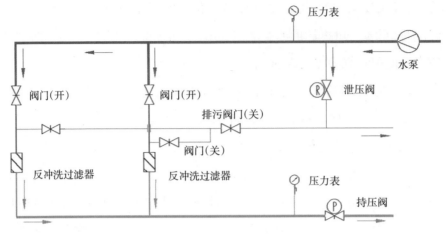

(a)正常工作状态工作原理

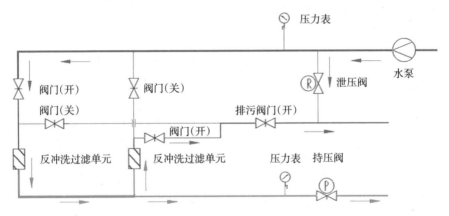

(b)反冲洗工作状态工作原理

图3-3 反冲洗过滤器工作原理

▶ 第五节 仪 表

泵房中设备的工作状态需要各种仪表进行显示,常用的仪表有压力表、水表、流量计等。通过观察仪表数值即可方便地获取设备关键运行状态,便于日常管理维护。

一 压力表

压力表指以弹性元件为敏感元件,测量并指示高于环境压力的仪表。其应用极为普遍,几乎遍及所有的工业流程和科研领域。

1.常用压力表

常用压力表有抗震压力表、精密压力表与远传压力表。

(1)抗震压力表,又名"耐震压力表"。这种压力表在普通压力表的基础上,内部填充阻尼液并加装缓冲机构,减轻环境剧烈振动及介质的脉冲对仪表的影响。

(2)精密压力表由测压系统、传动机构、指示装置和外壳组成。精密压力表的测压弹性元件经特殊工艺处理,使精密压力表性能稳定可靠,与高精度的传动机构配套调试后,能确保精确的指示精度。精密压力表主要用来校验工业用普通压力表,精密压力表也可在工艺现场精确地测量对铜合金和合金结构钢等无腐蚀性、非结晶、非凝固介质材质的压力。精密压力表在标度线下设置有镜面环(A型、B型),在使用中读数更清晰精确。

(3)远传压力表适用于测量对钢及铜合金无腐蚀性的液体、蒸汽或气体等介质的压力。因为在远传压力表内部设置一滑线电阻式发送器,故可把被测值以电量传至远离测量的二次仪表上,以实现集中检测和远距离控制。此外,压力表自身即可就地指示压力,便于现场工作检查。

2.选型与安装

选用原则:压力表的选用应根据使用工艺生产要求,针对具体情况做具体分析。在满足工艺要求的前提下,应本着节约的原则全面综合地考虑,一般应考虑以下几个方面的问题:

(1)类型的选用。压力表类型的选用必须满足工艺生产的要求。例如,是否需要远传、自动记录或报警;被测介质的性质(如被测介质的温

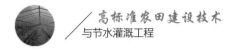

度高低、黏度大小、腐蚀性、脏污程度、是否易燃易爆等)是否对压力表提出特殊要求,现场环境条件(如湿度、温度、磁场强度、振动等)对压力表类型的要求等。因此,根据工艺要求正确地选用压力表类型是保证压力表正常工作及安全生产的重要前提。

(2)测量范围的确定。为了保证弹性元件能在弹性变形的安全范围内可靠地工作,在选择压力表量程时,必须根据被测压力的大小和压力变化的快慢,留有足够的余地。因此,压力表的上限值应该高于工艺生产中可能的最大压力值。根据《化工自控设计技术规定》,在测量稳定压力时,最大工作压力不应超过测量上限值的2/3;测量脉动压力时,最大工作压力不应超过测量上限值的1/2;测量高压时,最大工作压力不应超过测量上限值的3/5。一般被测压力的最小值应不低于压力表测量上限值的1/3,从而保证压力表的输出量与输入量之间的线性关系。

(3)精度等级的选取。根据工艺生产允许的最大绝对误差和选定的压力表量程,计算出压力表允许的最大引用误差,在国家规定的精度等级中确定压力表的精度。一般来说,所选用的压力表越精密,则测量结果越精确、可靠。但不能认为选用的压力表精度越高越好,因为越精密的压力表一般价格越贵,操作和维护越费时。

3.管理与维护

压力表安装注意事项:

按其所测介质不同,在压力表上应有规定的色标,并注明特殊介质的名称。

靠墙安装时,应选用有边缘的压力表;直接安装于管道上时,应选用无边缘的压力表;根据测压位置和观察管理的方便程度,决定表壳直径的大小。

压力表维护注意事项:

定期清洁压力表表盘,保证读数清晰。

检查压力表读数,对于不归零或指示错误的压力表及时进行更换。

二 水表

水表,是测量水流量的仪表,大多测量的是水的累计流量,一般分为容积式水表和速度式水表两类。

选择水表规格时,应先估算通常情况下所使用流量的大小和流量范围,然后选择常用流量最接近该值的那种规格的水表。

1. 计量水表与远传水表

(1)按旧版标准,计量水表可分为A级表、B级表、C级表、D级表。

计量等级反映了水表的工作流量范围,尤其是小流量下的计量性能。按照从低到高的次序,计量水表一般分为A级表、B级表、C级表、D级表,它们的计量性能分别达到国家标准中规定的计量等级A、B、C、D的相应要求。新版标准发布后,计量等级分类方法变得相当复杂,主要根据流量值与量程比等各项参数来确定。简单说来,量程越大,则计量等级越高。

(2)远传水表由普通机械水表加上电子采集发讯模块组成,电子模块完成信号采集、数据处理、存储并将数据通过通信线路上传给中继器或手持式抄表器。表体采用一体设计,它可以实时地将用户用水量记录并保存,或者直接读取当前累计数。每块水表都有唯一的代码,当智能水表接收到抄表指令后可即时将水表数据上传给管理系统。

2. 选型与安装

(1)水表的口径应根据安装管道的口径而定,安装位置应避免暴晒、水淹、冰冻和污染,方便拆装和刷卡。

(2)水表应水平(显示面向上)安装。

(3)安装前应先清除管道内的砂石、麻丝等杂物,以免造成水表故障。

(4)水表所示的箭头方向应与管道水流方向一致。

(5)水表若装在锅炉进水端时,要防止锅炉热水及蒸汽回流而损坏水表内部机件,最好在水表出水口处加装止回阀。

3.管理与维护

(1)定期校准并定期清洁水表表盘,保证读数清晰。

(2)检查水表读数,对于指针指示错误的水表及时进行更换。

(3)远传水表定期在控制器中自检。

三 流量计

流量计是指示被测流量和(或)在选定的时间间隔内流体总量的仪表。简单来说,流量计就是用于测量管道或明渠中流体流量的一种仪表。

1.流量计分类

流量计可分为差压式流量计、转子流量计、节流式流量计、细缝流量计、容积流量计、电磁流量计、超声波流量计等。

常见流量计为浮子流量计、涡轮流量计等。

2.选型与安装

(1)进出口通径:原则上进出口通径不应小于相配套的泵的进口通径,一般与管道的管径一致。

(2)公称压力:按照过滤管路可能出现的最高压力确定过滤器的压力等级。

(3)量程:依据介质流量要求而定。

(4)类型:根据介质种类、精度要求、安装位置等具体确定。

▶ 第六节　阀　门

　　阀门是用来开闭管路、控制流向、调节和控制输送介质的参数(温度、压力和流量)的管路附件。根据其功能,可分为关断阀、止回阀、调节阀等。阀门亦是流体输送系统中的控制部件,具有截止、调节、导流、防止逆流、稳压、分流及溢流泄压等功能。

一 手动阀门

　　手动阀门是需要借助手柄、手轮等,用人力来操作的阀门。常用的有球阀、闸阀、蝶阀、隔膜阀、先导阀等。

　　球阀,启闭件(球体)由阀杆带动,并绕球阀轴线做旋转运动的阀门。在管道上不仅可灵活控制介质的合流、分流及流向的切换,同时也可关闭任一通道而使另外两个通道相连。球阀在管道中一般应水平安装。球阀按照驱动方式分为:气动球阀、电动球阀、手动球阀。

　　闸阀是一个启闭件闸板,闸板的运动方向与流体方向相垂直。闸阀只能全开和全关,不能调节和节流。闸阀通过阀座和闸板接触进行密封,通常密封面会堆焊金属材料以增加耐磨性。闸板可分为刚性闸板和弹性闸板,根据闸板的不同,闸阀分为刚性闸阀和弹性闸阀。

　　蝶阀又叫"翻板阀",是一种结构简单的调节阀,可用于低压管道介质的开关控制的蝶阀是指关闭件(阀瓣或蝶板)为圆盘,围绕阀轴旋转来达到开启与关闭的一种阀。阀门可用于控制空气、水、蒸汽、各种腐蚀性介质、泥浆、油品、液态金属和放射性介质等各种类型流体的流动。在管道上主要起截断和节流作用。蝶阀启闭件是一个圆盘形的蝶板,在阀体内绕其自身的轴线旋转,从而达到启闭或调节的目的。

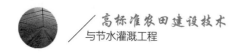

隔膜阀是用隔膜作启闭件封闭流道、截断流体,并将阀体内腔和阀盖内腔隔开的截止阀。隔膜常用橡胶、塑料等耐腐蚀、非渗透性材料制成。阀体多用塑料、玻璃钢、陶瓷或金属衬胶材料制成。隔膜阀结构简单、密封和防腐性能较好,流体阻力小。按结构形式,隔膜阀可分为屋脊式、截止式、闸板式等。按驱动方式,可分为手动、气动、电动。

先导阀是为操纵其他阀或元件中的控制机构而使用的辅助阀。

二 电动阀门

电动阀门采用电动装置、电磁或其他电器装置驱动的阀门,常见的有电动球阀、电动蝶阀、电磁阀等。

电动球阀是采用电动执行机构驱动的球阀,多用于小直径管道的启闭和流量调节。《阀门术语》(GB/T 21465—2008)中电动球阀的定义为:启闭件(球体)由阀杆带动,并绕阀杆的轴线做旋转运动的阀门。电动球阀主要用于截断或接通管路中的介质,亦可用于流体的调节与控制。

电动蝶阀属于电动阀门和电动调节阀中的一个品种。电动蝶阀的连接方式主要有法兰式和对夹式。电动蝶阀的密封形式主要有橡胶密封和金属密封。电动蝶阀通过电源信号来控制蝶阀的开关。该产品可用作管道系统的切断阀、控制阀和止回阀。电动蝶阀附带手动控制装置,一旦出现电源故障,可以临时用手动操作,不至于影响使用。

电磁阀是用电磁控制的工业设备,是用来控制流体的自动化基础元件,属于执行器,并不限于液压、气动。电磁阀用在工业控制系统中可调整介质的方向、流量、速度和其他的参数。电磁阀可以配合不同的电路来实现预期的控制,而控制的精度和灵活性都能够保证。电磁阀有很多种,不同的电磁阀在控制系统的不同位置发挥作用,最常用的是单向阀、安全阀、方向控制阀、速度调节阀等。

三 自动阀门

自动阀门指不需要外部动力驱动,仅通过传输介质即可实现自动工作的阀门,主要有进排气阀、泄压阀、持压阀、减压阀等。

1.进排气阀

进排气阀的结构非常简单,仅包含一个气流通道和一个浮球。

水泵启动时,阀门处于排气状态,待水流充满管道后,水的浮力关闭气流通道。

水泵启动后,阀门迅速排出空气,减少了管道内的空气,降低了管道的振动。

水泵停机后,水流回水导致管道内部出现真空,管道内真空在大气压力下会对管道造成剧烈挤压,导致管道变形直至损坏。工程上采用进排气阀解决此类问题。水泵停机时,浮球在重力作用下下落,打开气流通道,空气进入管道平衡气压。

2.泄压阀

泄压阀可在管道压力升高到与排水压力一致时打开阀门,通过排泄流量降低管道压力。管道内压力恢复后,阀门自动关闭。

泄压阀多用于过滤器与水泵之间。

3.持压阀

过滤器在反冲洗管道时,需要管道内保持较高的水压。持压阀的作用是在管道压力因反冲洗降低时,减少阀门开度,使管道内压力提升进行反冲洗。

4.减压阀

减压阀是通过调节,将进口压力减至某一需要的出口压力,并依靠介质本身的能量,使出口压力自动保持稳定的阀门。从流体力学的观点看,减压阀是一个局部阻力可以变化的节流元件,它通过改变节流面积,

使流速及流体的动能改变,造成不同的压力损失,从而达到减压的目的。然后,减压阀依靠控制与调节系统的调节,使阀后压力的波动与弹簧力相平衡,使阀后压力在一定的误差范围内保持恒定。

因喷灌压力高于滴灌工作压力,减压阀多用于喷灌与滴灌混合的工程,在喷灌工作时,降低滴灌管道的压力。

▶ 第七节　附属设施

1.补水设备

当泵的安装高度高于进水池水位时,即为吸上时,泵启动前必须排气充水,通常采用补水泵和补水桶来完成补水。

补水桶价格低,寿命长,但需要占用泵房内较大的空间。因需要布置在高处通过自流补水,故需要额外建设底座。采用补水桶的项目,第一次使用需要手动向补水桶补充水。主泵补水完成后,关闭补水阀,水泵正常启动过水后,开启补水桶的进水阀为补水桶补水,待下一次使用。

补水泵通常采用自吸泵。补水泵具有体积小、便于控制的优点,可与主泵等集成在一个底座上,通过控制系统自动控制补水。但补水泵造价较高,需要额外维护。

2.起重设备

泵房中,水泵、电动机、阀门及管道等设备的安装和检修,都需要用到起重设备。常用起重设备有起重葫芦、电动行车。

对于小型泵房,常采用起重葫芦。起重葫芦是一种轻小型起重设备,具有体积小、自重轻、操作简单、使用方便等特点。根据动力形式,起重葫芦可分为手拉葫芦、电动葫芦、气动葫芦、液动葫芦等。手拉葫芦造价低,可起重5 000千克以上重物。电动葫芦通常用自带制动器的鼠笼形锥状转子电动机驱动。多数电动葫芦由人通过按钮在地面跟随操纵,也可采用有线(无线)远距离控制。电动葫芦操作方便,省时省力,价格适中,得到了较为广泛的应用。

对于水泵重量大、数量多的项目,常采用电动行车。电动行车具备垂直升降、水平行走功能,可将重物在一定立体空间内转运。电动行车可直接将水泵等重物,从工作地点吊装至维护车辆上,待维护完成后,再吊装至工作地点。

3.排水设备

在水泵运行过程中,难免有水渗出。在设备出现故障的时候,也有可能导致大量的水从管道连接处或者设备中大量渗出,如果没有采用相应的排水设施,泵房地面积水可能导致整个泵站系统陷入瘫痪。因此,泵房排水非常重要。

泵房应尽量采用自流排水。

4.压力罐

压力罐用于闭式水循环系统中,主要用来吸收系统因阀门、水泵等开和关所引起的水锤冲击,以及夜间少量补水,平衡水量及压力,避免安全阀频繁开启,使供水系统主泵休眠,从而减少用电,延长水泵使用寿命。

压力罐由罐体、球囊、进(出)水口及补气口四部分组成。罐体的材质为碳钢防锈烤漆层或不锈钢;球囊的材质为二元乙丙橡胶或丁基橡胶;球囊与罐体之间的预充气体出厂时已充好,无须自己加气。

第四章 　施 肥 设 备

本章介绍施肥设备及其类型、安装。

▶ 第一节　施肥设备简介

施肥设备是一种将配置好的肥料注入田间或者注入灌溉管道随灌溉水进行田间施肥的设备。在农业节水灌溉工程中,肥料是以水溶液的形式与灌溉水一同施用的,制备肥料溶液时预先溶解配制成一种或几种浓缩液,然后通过不同的施肥设备注入灌溉系统中。施肥设备作为农业节水灌溉工程中重要的设备之一,根据不同的应用场合和种植需求,以及不同用户的消费层级,施肥设备主要分为压差式施肥设备和注肥式施肥设备。压差式施肥设备包括压差式施肥罐、文丘里施肥设备、比例式注肥泵、泵吸式施肥设备;而注肥式施肥设备包括计量泵、隔膜泵、柱塞泵。

▶ 第二节　施肥设备类型

一 压差式施肥设备

1.文丘里施肥设备

文丘里施肥设备是根据文丘里效应,将肥料和水均匀混合的一种高效施肥设备,由塑料管件、止逆阀、吸肥器等组成。该设备的工作原理为文丘里效应。水流通过一个由大渐小,然后由小渐大的管道,文丘里管喉部水流经狭窄部分时流速加大,压力下降,当管喉部管径小到一定程度时管内水流便形成负压,在喉管侧壁上的小口可以将肥料溶液从一敞口肥料管通过小管径细管吸上来。

文丘里施肥设备的优点:设备成本低,维护费用低;施肥过程可维持均一的肥液浓度,施肥过程无须外部动力;设备重量轻,便于移动和用于自动化系统并且省肥,可节约化肥40%以上,使农作物产量不减少,实现增产增量的目的;可以提前追肥,使用大容积文丘里施肥设备,在庄稼定苗后,就可以把化肥放入庄稼根部土壤中;可以减少土壤板结,因为化肥精准施入庄稼根部以下土壤后被庄稼充分吸收,土壤里残留化肥很少,减少对环境的污染,土壤不易变硬、板结。

文丘里施肥设备的缺点:施肥时系统水头压力损失大;为补偿水头损失,系统中要求较高的压力;施肥过程中的压力波动变化大;为使系统获得稳压,需配备增压泵;不能直接使用固体肥料,需把固体肥料溶解后施用。

2.比例式注肥泵

比例式注肥泵借助管道自身水动力或者外部动力,将肥液注入灌溉管道。其中借助水动力的注肥泵直接安装在水管中,管路中的水流驱动注肥泵工作,按设定比例定量将较高浓度的肥液吸入,与主管道的水充分融合后被送到下游。无论管路中的水压和送水量如何变化,吸入的肥料量始终同进入比例加料泵中的水的体积成比例,这样能够确保混合液中肥液的比例恒定。

比例式注肥泵直接安装在供水管上,无须电力,而以水压作为工作的动力使用。"比例性"是保持恒定的精确剂量的关键,无论流进管线的水流量和压力如何变化,注入的溶液剂量总是与流进水管的水量成

正比,外部调节比例,灵活方便。比例式注肥泵耐腐蚀,安装简单,操作方便。

3.泵吸式施肥设备

泵吸式施肥设备主要用于有统一管理的种植区,水泵一边吸水,一边吸肥,利用离心泵吸水管内形成的负压将肥料溶液吸入管网系统,通过滴灌管输送到作物根区。该方法的优点是不需外加动力,结构简单,操作方便,不需要人工调配肥料溶液,可以用敞口容器装肥料溶液,也可以用肥料池等。施肥时,首先开机运行灌水,打开滴灌阀门,当运行正常时,打开施肥管阀门,肥液在水泵负压状态下被吸进水泵进水管,和进水管中的水混合,通过出水口进入管网系统。通过调节肥液管上阀门,可以控制施肥速度,肥水在管网输送过程中自行均匀混合,不需人工配制。

二　注肥式施肥设备

1.计量泵

计量泵原理:电机经联轴器带动蜗杆并通过蜗轮减速使主轴和偏心轮做回转运动,在由偏心轮带动弓形连杆的滑动调节座内做往复运动。当柱塞向后死点移时,泵腔内逐渐形成真空,吸入阀打开,吸入液体;当柱塞向前死点移动时,此时吸入阀关闭,排出阀打开,液体在柱塞向进一步运动时排出。泵的往复循环工作形成连续有压力、定量的排放液体。

流量调节:泵的流量调节是靠旋转调节手轮,带动调节螺杆转动,从而改变弓形连杆间的间距,改变柱塞(活塞)在泵腔内移动行程来决定流量的大小。调节手轮的刻度决定柱塞行程,精确率为95%。

特点:该泵性能优越,其中隔膜式计量泵绝对不泄露,安全性能高,计量输送精确,流量可以在零到最大定额值范围内任意调节,压力可在常压到最大允许范围内任意选择,调节直观清晰,工作平稳,无噪声,体积小,重量轻,维护方便,可并联使用。

该泵品种多、性能全、适用温度范围−30~450℃,黏度为0~800毫米/秒,最高排出压力可达64兆帕,流量范围在0.1~20 000升/时,计量精度在±1%以内。根据工艺要求,该泵可以手动调节和变频调节流量,亦可实现遥控和计算机自动控制。

2.隔膜泵

隔膜泵有两个膜部件,一个安装在上面,一个安装在下面,之间通过一根竖直杠杆连接。其中一个膜部件是营养液槽,另一个是灌溉水槽。灌溉水同时进入两个部件中较低的槽,产生向上运动。运动结束时,分流阀将肥料吸入口关闭并将注射进水口打开,膜下两个较低槽中的水被射出。向下运动结束时,分流阀关闭出水口并打开进水口,再向上运动。当上方的膜下降时,开始吸取肥料溶液;而当上方的膜向上运动时,则将肥料溶液注入灌溉系统中。隔膜泵比活塞注射泵昂贵,但是它的运动部件较少,而且组成部分与腐蚀性肥料溶液接触的面积较小。隔膜泵的流量为3~1 200升/时,工作压力为0.14~0.80兆帕。由一个计量代和脉冲转换器组成的代对泵进行调控,主要调控预设进水量与灌溉水流量的比例。可采用水力驱动的计量器来进行按比例加肥灌溉。在泵上安装电子微断流器将电脉冲转化为信息传到灌溉控制器来实现自动控制。

优点:价格较低,无动密封、无泄漏,有安全泄放装置,维护简单,能输送高黏度介质、磨损性浆料和危险性化学品。缺点:隔膜承受高压力时,寿命较短。出口压力在2兆帕以下,流量适用范围较小:计量精度为±5%;压力从最小到最大时,流量变化可以达10%,无安全泄放装置。

3.柱塞泵

柱塞泵利用加压灌溉水来驱动活塞。它所排放的水量是注入肥料溶液的3倍。泵外形为圆柱体并含有一个双向活塞和一个使用交流电的小电机,泵从肥料罐中吸取肥料溶液并将它注入灌溉系统中。泵启动时有一个阀门将空气从系统中排出,并防止供水中断时肥料溶液虹吸到主

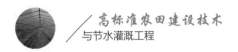

管。柱塞泵的流量为1~250升/时,工作压力为0.15~0.80兆帕。可用流量调节器来调节施肥量或在供水管里安装水计量来调节,与注射器相连的脉冲传感器可将脉冲转化为电信号,再将电信号传送给溶液注入量控制器。然后,控制器据此调整灌溉水与注入溶液的比例。在国内使用较多的为法国DOSATRONL国际公司的施肥泵和美国DOSMATIC国际公司的施肥泵。

柱塞泵的特点:第一,构成柱塞泵密封容积的零件为圆柱形的柱塞和缸孔,加工方便,可得到较高的配合精度,密封性能好,在高压下工作仍有较高的容积效率。第二,只需改变柱塞的工作流程就能改变流量,易于实现变量。第三,柱塞泵中的主要零件均受压应力作用,材料强度性能可得到充分利用。

三 施肥设备对比

常用施肥设备的区别如表4-1所示。

表4-1　常用施肥设备的区别一览表

标准	水平					
	泵吸式施肥设备	文丘里施肥设备	比例式注肥泵	离心泵	柱塞泵	电磁隔膜泵
采购成本	低	低	低	一般	一般	高
使用寿命	一般	低	一般	一般	一般	高
维护使用成本	一般	低	高	低	低	高
机械效率	高	低	低	一般	高	一般
工作压力范围	高	一般	低	高	高	高
是否需要额外动力	否	否	否	是	是	是
是否需要止回阀	是	是	否	是	否	否
流量调节性能	一般	差	差	一般	好	好
肥料浓度稳定性	差	差	好	一般	好	好
肥料颗粒对设备寿命的影响	一般	高	高	一般	低	低
耐腐蚀性	一般	高	高	低	高	高

第三节　施肥设备安装

一　文丘里施肥设备安装和使用要点

1.文丘里施肥设备安装

旁路安装,即并联安装,施肥器采用旁通管与主管并联,这样只需部分流量经过射流段。这种旁通运行可以使用较小的文丘里施肥器,而且便于移动。当不加肥时,系统也正常工作。

主管安装,即串联安装,施肥器直接接入主管,当施肥面积很小且不考虑压力损耗时也可以用串联安装。

2.文丘里施肥设备使用要点

(1)每次在开启施肥阀两侧的调节阀时,应慢慢开启。

(2)在每次施完肥后,将两个调节控制阀关闭,取出罐体冲洗干净,将罐内残余肥料取出,以免造成损失。

(3)在安装施肥装置后再安装一个一级网式过滤器,以防止未融化的肥料被带入系统中堵塞灌水器。如果安装的是文丘里施肥设备,应在安装前加装过滤器,以免造成文丘里施肥设备的堵塞。

(4)施完肥后继续用清水冲洗管道,以免肥料残留在灌溉系统中,造成堵塞。可以根据农作物的不同需要,调节肥量的大小和施肥的深度。施肥设备可以将化肥直接渗入农作物根部以下的土壤。此施肥设备与目前农户的施肥方法相比可节约化肥一半以上,施肥速度可以提高4倍左右,产量大大提高。

二 比例施肥泵安装和使用要点

1.安装比例施肥泵的注意事项

比例施肥泵的进出水口要与管线的进出水口一致；将比例施肥泵的固定支架固定在墙上或者其他设施上；在比例施肥泵进水口之前安装一个过滤器（精度不低于120目）；分别在比例施肥泵的进水口和出水口安装阀门；将比例施肥泵的吸液管放到药液容器内，确保吸液管不贴住容器壁和容器底。

2.调整添加比例

取出施肥泵刻度筒上部的U形调节锁，调节施肥泵上的刻度达到预设值（刻度值的含义是吸入药液与进水口水量的比值，如2%指的是若进水口的水量是100升，则吸入的药液是2升），然后将U形调节锁锁上扣紧。

3.其他注意事项

在施肥泵启动之初，需要按下施肥泵顶部的排气阀进行排气，直到有少量水从排气阀溢出，再迅速关上排气阀。在施肥泵使用结束之前，最好把容器内的药液换成清水，让施肥泵继续工作一段时间，使得施肥泵内部得到充分的清洗，并且用清水将施肥泵外表面擦拭干净。

三 施肥设备使用要点

第一，初次使用施肥设备之前，详细阅读使用说明书，明确安全操作规范和危险部位安全标志所提示的内容，了解施肥设备使用条件，掌握正确的安装、使用和维护、保养方法。

第二，使用施肥设备必须配用具有适应的过载保护、短路等保护功能的启动保护器，保护器整定电流应与潜水泵相适应，保护器应可靠接地，保护器的安装必须避免保护器内的电器元件受潮。

第三,设备启动运转后,应进行监视检查,确定电压、电流、出水量、管路密封、滴水元件出水情况等,所有情况都正常时才可投入使用。

第四,使用水肥一体机之前,应检查施肥设备上的安全标志、操作指示和产品铭牌有无缺损、遗失等状况,确定相应参数匹配。

第五,每个作业季节前,应检查该设备上的水表、压力表、接头、三通、滴水元件等工作部件有无裂纹、变形和堵塞,更换部件时,应按照说明书中规定的操作规范或让有经验的维修人员进行操作。

第五章 输配水管网

农业节水灌溉工程中的输配水管网主要用于分配水量。输配水管网是农业节水灌溉工程中的重要组成部分,正确选择和配套使用输配水管网,对降低农业节水灌溉工程的投资、提高运行效率,都有着重要的意义。

第一节 管道类型与特点

一 水管

输配水管网是担任输送沿线流量,并将水送到分配管以至用户的管系(有时还输送转输流量)。它是给水系统的重要组成部分之一,由水管与其他构筑物(如水泵站、水塔等)组成。

常用的输配水管道材质与种类有以下几种,常用金属材质管道为镀锌铁管、不锈钢管,非金属材料管道主要包括PVC管、PP-R聚丙烯管、PE聚乙烯管等。

1.管道类型

(1)不锈钢管:不锈钢管是一种较为耐用的管道。但其价格较高,且施工工艺要求比较高,材质硬度较强,现场加工非常困难,所以装修工程中用得较少。

（2）PVC管：PVC（聚氯乙烯）塑料管是一种现代合成材料管道。

（3）PP-R聚丙烯管：由于在施工中采用熔接技术，因此也俗称热熔管。其材料无毒、质轻、耐压、耐腐蚀，是一种正在被推广的材料。

（4）PE聚乙烯管：由于其自身独特的优点被广泛地应用于建筑给水，建筑排水，埋地排水管，建筑采暖、燃气输配、输气管，电工与电讯保护套管、工业用管、农业用管等。其主要应用于城市供水、城市燃气供应及农田灌溉。

每种材质的管道都有其独特的方面，在不同场合需根据特点合理选择使用。

2.PVC管

PVC管分为PVC-U管、PVC-M管和PVC-O管，是由聚氯乙烯树脂与稳定剂、润滑剂等配合后用热压法挤压成型的，是最早得到开发应用的塑料管材。

PVC-U管抗腐蚀能力强、易于粘接、价格低、质地坚硬，但是由于有PVC-U单体和添加剂渗出，只适用于输送温度不超过45℃的给水系统。

PVC管不宜用于热水管道，可作生活用水供水管，但不宜作为直接饮用水供水管。PVC管受冲击时易脆裂，其柔韧性不如其他塑料管，某些低质假冒的PVC管，在生产中加入了增塑剂，容易造成介质污染，大大缩短了PVC管的老化期。

3.PP-R聚丙烯管

PP-R聚丙烯管无毒、卫生、可回收利用，软化温度为131℃，最高使用温度为95℃，长期使用温度为70℃，属耐热、保温节能产品。其密度为900千克/米^3。PP-R管道采用挤压成型工艺生产，PP-R管件采用注塑成型工艺生产。

PP-R管材及配件之间采用热熔连接。PP-R与金属管件连接时，采用带金属嵌件的聚丙烯管件作为过渡，该管件与PP-R采用热熔连接，与

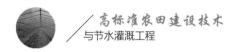

金属管采用丝扣连接。PP-R聚丙烯管适用于建筑物室内冷热水供应系统,也广泛适用于采暖系统。欧洲在建筑物冷热水供应系统中,使用PP-R聚丙烯管较为普遍,PP-R聚丙烯管已上升为主导产品。

4.PE聚乙烯管

PE聚乙烯管由于其自身独特的优点被广泛应用于建筑给水、建筑排水、埋地排水管,建筑采暖、燃气输配、输气管,电工与电讯保护套管,工业用管,农业用管等。其主要应用于城市供水、城市燃气供应及农田灌溉。PE聚乙烯管具有多种优势:

(1)寿命长:在正常条件下,最短寿命达50年。

(2)安全:PE聚乙烯管无毒,不含重金属添加剂,不结垢,不滋生细菌,解决了饮用水二次污染的问题。符合《生活饮用水输配水设备及防护材料卫生安全评价规范》(GB/T 17219—2001)安全性评价标准规定以及国家卫生部相关的卫生安全评价规定。

(3)耐腐蚀:可耐多种化学介质的腐蚀,无电化学腐蚀。

(4)水流阻力小:内壁光滑,摩擦系数极低,介质的通过能力相应提高并具有优异的耐磨性能。

(5)柔韧性好:抗冲击强度高,耐强震、耐扭曲。

(6)质量轻:运输、安装便捷。

(7)易加工:独特的电熔连接和热熔对接、热熔承插连接技术使接口强度高于管材本体,保证了接口的安全可靠。焊接工艺简单,施工方便,工程综合造价低。

二 弯管和变径管

弯管俗称"弯头",可用于改变水流方向,一般有90°、45°和22.5°等规格,最常用的为90°弯头。

变径管又称"锥形管"或"大小头",是一根两端直径不等的锥形短

管。用于连接尺寸不同、材质不同的管道。

变径管一般装在水泵的进水口或出水口处,用以连接直径与水泵不一致的水管。变径管有同心管和偏心管两种,后者用于进水管上,安装时,必须使偏心朝下,否则,进水管的空气排除不尽,导致水泵不能上水。

三 底阀和滤网

底阀是一单向阀,一般与滤网制成一个整体,装于进水管口处。常用的底阀有盘形阀和蝶形阀两种。底阀由阀体、单向阀、橡胶密封垫及滤网等组成。

底阀和滤网的功能:启动前,底阀封闭进水管下端,保证泵内和进水管内能灌满水,以便排除泵内空气;工作时,在泵内与水源水面压力差的作用下,阀门自动打开;停机时,在阀门自身重力及水压作用下自动关闭,使进水及泵内存水,以便下次启动。滤网用以滤除水中的较大杂质,如水草、鱼类等,以防叶轮堵塞和损坏水泵。

四 逆止阀

逆止阀又称"止回阀",是一单向阀门,装在闸阀前,由阀体、单向阀门等主要零件组成。其作用是防止水泵停机或突然停机时,高压水流回水泵,产生水锤作用击坏水泵与底阀,多用于扬程较高、流量较大的离心泵。

▶ 第二节 管 网 设 计

当管材的选择完成之后,管网设计成为首先需要考虑的一点:主干管分布以及管径的选择就决定着管网如何设计。

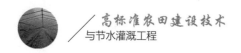
一 主干管分布

主干管分布按管网形式可分为树状网、环状网,按固定方式可分为移动式、半固定式、固定式。

1. 按管网形式分类

(1)树状网。管网为树枝状,水流从"树干"流向"树枝",即在干管、支管、分支管中从上游流向末端,只有分流而无汇流。目前国内节水灌溉管道系统多采用树状网。

(2)环状网。管网通过节点将各管道联结成闭合环状网。根据出水口位置和控制阀启闭情况,水流可沿正逆方向流动。这种形式的供水可靠性高。

2. 按固定方式分类

(1)移动式。除水源外,管道及分水设备都可移动,水泵可固定也可移动,管道多采用软管,一次性投资低,但劳动强度大,管道易破损。

(2)半固定式。管道系统的一部分固定,另一部分可移动。

(3)固定式。管道系统中的各级管道及分水设施均埋入地下,固定不动。

二 管径选择

管径选择与流速、水头损失、水锤压力及水泵选型有关。在同等条件下管道直径越小,流速越高,水头损失越大,泵站扬程要求越高,则能量消耗越大,产生的水锤压力也相应增大;管道直径越大,流速越低,水头损失越小,泵站扬程越低,能量消耗也越小,产生的水锤压力也越小。目前常用的管径确定方法为年值法,即根据不同管径所对应泵站的运行扬程,通过计算具体工程的年费用,确定最优管径。依照一般工程经验,在长距离输水工程中比较经济的流速为1.5米/秒。管径的选取与泵站的

运行费直接相关,但最终确定时也需根据各种因素综合确定。

三 管网设计应注意的问题

1.重视水源工程设计

井灌区灌溉水源为机井,水源工程设计相对简单,设计中除满足各灌溉区域的压力要求外,应使设计优化、降低工作压力范围、减少运行电费。而在河灌区,本着降低运行成本的原则,目前普遍推广的多数是自压灌溉,即不要辅助措施,充分利用自然地形落差使管道系统获得压力。水源系统一般由取水口、引渠、进水前池及其他附属设备组成,设计时应注意以下几个方面。

(1)水源位置选定通常以满足最不利区域和最小工作压力的要求为前提,应本着就近选择、取水方便、便于管理、不占或少占耕地的原则选取。

(2)重视泥沙问题,在泥沙含量较大的河灌区,管道应具有防淤堵设计。

2.注重管网的合理布置

在管灌工程分项组成中,管材投资占工程投资比重较大,多数占50%~60%。因此,管网布置合理与否对工程设计的合理性、经济性至关重要。排除客观方面的原因,在设计中采用适宜的方法,通过多方案综合比选后确定的管网布置方案相对合理,一般比仅依据现有地形确定的管道代渠的方法节省至少15%的管材用量,可以进一步优化设计、节约投资。

3.设计中应注意的其他事项

目前,高效节水灌溉工程中可应用的管材种类较多。管材选择除应满足技术要求外,还应满足经济性要求。在设计中一般根据当地的建材条件和实践经验,提出2~3类管材进行技术经济综合比选。此外,管材的承压等级直接关系到管道系统的安全设计,应引起高度重视。

第三节　管道安装

管道安装是节水灌溉工程中的主要施工项目,受运输条件的限制,管材的供货长度一般为4米或6米,现场安装工作量很大。管道安装用工一般占总工程量的一半以上。所以,了解灌溉系统管道安装的基本要求,掌握管道安装的施工方法,对于保证工程质量、按期完成施工任务非常必要。

一　管道安装基本要求

管道铺设应在标高和管道基层质量检查合格后进行。管道的最大承受压力必须满足设计要求,不得采用无测压试验报告的产品,铺设管道前要对管材、管件、密封圈等进行一次外观检查,有质量问题的不得采用。对于金属管道在铺设之前应预先进行防锈处理。铺设时如发现防锈层损伤或脱落,应及时修补。在昼夜温差变化较大的地区进行刚性接口管道施工时,应采取防止因温差产生的压力而破坏管道及接口的措施。胶合承插接口不宜在低于5℃的气温下施工。管道应有一定纵向坡度,使管内残留的水能向水泵或干管的最低处汇流,并应安装排气阀以便在灌水季节结束后将管内积水全部排空。

在安装法兰接口的阀门和管件时,应采取防止造成外加拉应力的措施。口径>100毫米的阀门下应设支墩。管道在铺设过程中可以适当弯曲,但弯曲半径应大于300D,D为管道直径。管道安装施工中断时应采取管口封堵措施,防止杂物进入。施工结束后,铺设管道时所用的垫块应及时拆除。

二 管道连接

对于不同材质的管道,其连接方法也不相同。如工程采用的PE管道的连接方式有冷接法和热接法。虽然这两种方法都能满足灌溉系统管网设计要求和使用要求,但冷接法无须加热设备,便于现场操作,故被广泛用于喷灌工程。根据密封原理和操作方法的不同,冷接法又可分为胶合承插法、密封圈承插法和法兰连接法。不同连接方法的条件及选择的连接管件也不相同。因此,在选择连接方法上,应该根据管道规格、设计工作压力、施工环境以及操作人员的技术水平等因素综合考虑、合理选择。

为保证管线基层达到设计要求,安装前必须按照设计坡度用水准仪测出高程,采用轮式挖掘机及人工配合清理基层、夯实基层,确保管线安放在平整坚实的基层上。

三 施工放样

1.一般原则

(1)施工放样应该尊重设计意图。

灌溉技术要素(灌溉强度、灌溉均匀度和水滴打击强度)是灌溉系统规划设计的依据。尊重设计意图就是尊重灌溉技术要素,是保证工程质量和灌溉质量的前提条件。

(2)施工放样必须尊重客观实际。

因为灌溉系统通常是土地整理工程中的配套设施,而在实施过程中存在着一定的随意性,这种随意性加上作物的季节性,时常要求现场解决设计图纸与实际地形或施工方案不符的矛盾,需要现场调整管道走向,以及喷头和阀门井的位置,以保证最合理的喷头布置和最佳水力条件。因此,需要在施工放样甚至在施工时对个别管线和喷头的位置进行

现场调整。

(3)施工放样同地形测量一样,必须遵循"由整体到局部"的原则。

放样前要进行现场踏勘,了解放样区域的地形,考察设计图纸与现场实际的差异,确定放样控制点,拟定放样方法,准备放样时使用的仪器和工具。若需要把某些地物点作为控制点时,应检查这些点在图上的位置与实际位置是否符合。如果不相符,应对图纸位置进行修正。

(4)对每一块独立的灌溉区域施工放样时,应先确定喷头位置,再确定管道位置。

管道定位前应对喷头定位结果进行认真核查,包括喷头数量和间距。当设计图纸与实际不符时,应以喷头的设计射程和当地在喷灌季节的平均风速为依据,调整喷头的数量和间距。

(5)封闭区域喷头定位时应按点、线、面的顺序。

先确定边界上拐点的喷头位置,再确定位于拐点之间且沿边界的喷头位置,最后确定喷灌区域内部位于非边界的喷头位置。按照点、线、面的顺序进行喷头定位,有利于提前发现设计图纸与实际情况不符的问题,便于控制和消化放样误差。

2.管道压力实验

管道试压应分段进行,一次最少1/2球道,最多一个球道。对于采用胶合剂黏结的管线则可在连接满24小时后进行试压。管道上必须有一定量的回填土方可试压,但接头处应露出,以利于检查。试压前管线应放气。试压的压力为工作压力的1.5倍,并以试压30分钟内不漏水、降压≤0.05兆帕为合格。

(四) 管道布置

1.管网配置要求

(1)旱作物种植区,当系统流量小于30米³/时时,可采用一级固定管道;系统流量在30~60米³/时时,可采用干管、支管两级固定管道;系统流量大于60米³/时时,可采用两级或多级固定管道。水稻种植区可采用两级或多级固定管道。

(2)田间固定管道长度不应低于每公顷90米且不宜大于每公顷180米,山丘区可依据实际情况适当增加。

(3)支管间距宜为50~100米,单向浇地时取较小值,双向浇地时取较大值。给水栓间距宜为40~100米,经济作物取小值,粮食作物取大值。

(4)采用移动式地面软管灌溉时,应有可靠水源机、泵型号、管道尺寸配套合理,软管长度不宜大于200米。

(5)给水栓应结构合理、坚固耐用、密封性好、操作灵活、运行管理方便、水力性能好,在高寒地区给水栓和出水立管应有防冻保护措施。

2. 管道材质选择

用于管道输水的工程管材选择应符合下列规定:

(1)管材选择应满足技术和经济要求,管径小于400毫米时宜选用塑料管材,地形复杂或寒冷地区宜选用聚乙烯塑料管道;管径大于400毫米时可选用玻璃钢管、钢筋混凝土管、钢筒混凝土管等;不具备地埋条件的山丘区宜选用金属管材。

(2)管材的允许工作压力应不小于水击时产生的最大压力。

(3)塑料管材允许工作压力不应低于管道设计工作压力的15倍。

3. 管网布置

管网布置应符合下列规定:

(1)管网布置形式应根据水源位置、地形条件、田间灌溉形式,通过方案比较确定。

(2)管道布置宜平行于沟渠路,应平顺减少折点和起伏,避开填方区和可能产生滑坡或受山洪威胁的地带。

(3)管网应设置控制测量泄水、安全保护和监测装置,寒冷地区应采

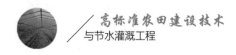
取防冻害措施。

（4）规模大、地形条件复杂的管网系统，应采取压力调节措施。

第六章 灌 水 器

灌水器是喷灌(微喷)和微灌系统出流部件,它将末级管道中的压力水流均匀稳定地输出以满足作物对水分的需要。灌水器的结构性决定了微灌系统的出流特征和湿润土壤方式。灌溉系统的工作质量和可靠性能等很大程度上取决于灌水器性能及其工作方式,它是高效节水灌溉系统中的核心技术和关键设备。按结构、出流形式等,灌水器可细分为滴头、滴灌管(带)、微喷头、微喷带等。

▶ 第一节 滴灌灌水器

一 滴头

滴头要求工作压力为50~120千帕,流量为0.6~12升/时,滴头应满足以下要求:一是精度高,其制造偏差系数 C 值应控制在0.07以下;二是出水量小而稳定,受水压变化的影响较小;三是抗堵塞性能强;四是结构简单,便于制造、安装、清洗;五是抗老化性能好,耐用,价格低廉。

滴头的分类方法很多,按滴头的消能方式可分为长流道型滴头、孔口型滴头、涡流型滴头、压力补偿型滴头。

1.长流道型滴头

长流道型滴头靠水流在流道壁内的沿程阻力来消除能量,调节出水量的大小,如内螺纹管式滴头。内螺纹管式滴头利用两端倒刺结构连接

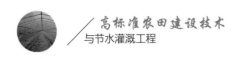

于两端毛管中间,本身成为毛管一部分,水流绝大部分通过滴头体腔流向下一段毛管,很少一部分则通过滴头体内螺纹流道流出。

2.孔口型滴头

孔口型滴头是通过特殊的孔口结构产生局部水头损失来消能和调节流量的大小。其原理是毛管中压力水流经过孔口收缩、突然变大及孔顶折射三次消能后,连续的压力水流变成水滴或细流。

3.涡流型滴头

涡流型滴头的工作原理是当水流进入灌水器的涡流室内时形成涡流,通过涡流达到消能和调节出水量的目的。水流进入涡室由于水流旋转产生的离心力迫使水流趋向涡流室的边缘,在涡流中心产生一低压区,使位于中心位置的出水口处压力较低,从而出流量降低。

4.压力补偿型滴头

压力补偿型滴头是利用压力水流对滴头内的弹性体产生压力变形,通过弹性体的变形改变过水断面的面积,从而达到调节滴头流量的目的。也就是当压力增大时,弹性体在压力作用下会对出流口产生部分阻挡作用,减小过水断面的面积;而当压力减小时,弹性体会逐渐恢复原状,减小对出流口的阻挡,增大过水断面的面积,从而使滴头出流量自动保持稳定。一般压力补偿型滴头只有在压力较高时保证出流量不会增加,但当压力低于工作压力时则不会增加滴头流量,因而在滴灌设计时要保证最不利灌溉点的压力满足要求,压力最高处的压力也不能超过滴头的压力补偿范围,否则必须在管道中安装压力调节装置。

二　滴灌管

滴灌管是在制造过程中将滴头与毛管一次成型为一个整体的灌水装置,它兼具输水和滴水两种功能。滴灌管按结构可分为两种。在毛管制造过程中,将预先制造好的滴头镶嵌在毛管内的滴灌管称为内镶式滴

灌管。内镶式滴灌管有片式滴灌管和管式滴灌管两种。

1. 片式滴灌管

片式滴灌管是指毛管内部装配的滴头仅为具有一定结构的小片,与毛管内壁紧密结合,每隔一定距离(即滴头间距)装配一个,并在毛管上与滴头水流出口对应处开一小孔,使已经过消能的细小水流由此流出进行灌溉。

2. 管式滴灌管

管式滴灌管是指内部镶嵌的滴头为一柱状结构的滴灌管,根据结构形式又分为紊流迷宫式滴灌管、压力补偿型滴灌管等。

(1)紊流迷宫式滴灌管

该类型管式滴灌管以欧洲滴灌公司1979年设计生产的冀–2型(GR)最具代表性。该滴头呈圆柱形,用低密度聚乙烯(LDPE)材料注射成型,外壁有迷宫流道,当水流通过时产生紊流,最后水流从对称布置在流道末端的水室上的两个孔流出。

(2)压力补偿型滴灌管

适用于地块直线距离较长且地势起伏大的果园,它的滴头具有压力自动补偿功能,能在8~45米水头压力范围内保持比较恒定的流量,有效长度为400~500米。它在固定流道中,用弹性柔软的材料作为压差调节元件,构成一段横断面可调流道,使滴头流量保持稳定,采用的形式有长流道补偿式、鸭嘴形补偿式、弹片补偿式和自动清洗补偿式。

三 薄壁滴灌带

目前国内使用的薄壁滴灌带有两种:一种是在0.2~1.0毫米厚的薄壁软管上按一定间距打孔,灌溉水由孔口喷出湿润土壤;另一种是在薄壁管的一侧热合出各种形状的流道,灌溉水通过流道以水滴的形式湿润土壤,称为单翼迷宫式滴灌管。

滴灌管和滴灌带均有压力补偿式与非压力补偿式两种。

（四）小管出流灌水器

小管出流灌溉是一种局部灌溉技术，只湿润渗水沟两侧作物根系活动层的部分土壤，十分省水，而且采用管网输配水，没有输渗漏损失，适应性强，对各种地形、土壤、各种果树等均可适用。此外，小管出流灌水器还具有操作简单、管理方便等特点。

▶ 第二节 微喷灌灌水器

一 微喷头

1.微喷头特点

微喷头是将压力水流以细小水滴喷洒在土壤表面的灌水器。

微喷头的工作压力一般为50~350千帕，其流量一般不超过250升/时，射程一般小于7米。

由于微喷灌是一种局部灌溉，其喷洒的水量分布、喷洒特性、喷灌强度等均由单个喷头决定，一般不进行微喷头间的组合，因而对不同的作物、土壤和地块形状，要求使用具有不同喷洒特性的微喷头进行灌水。在同一作物（尤其是果树）的不同生长阶段，对灌水量及喷洒范围等都有不同的要求，因而微喷头要求产品在流量、灌水强度及喷洒半径等方面有较好的系列性，以适应不同作物和不同场合。

2.微喷头分类

微喷头按其结构和工作原理可以分为缝隙式、离心式、折射式和射流式四类。其中离心式、折射式、缝隙式微喷头没有旋转部件，属于固定

式喷头;射流式喷头具有旋转或运动部件,属于旋转式微喷头。

（1）离心式微喷头

离心式微喷头主要由喷嘴、离心室和进水口接头构成。其工作原理是压力水流从切线方向进入离心室,绕垂直轴旋转,通过离心室中心的喷嘴射出,在离心力的作用下呈水膜状,在空气阻力的作用下水膜被粉碎成水滴散落在微喷头四周。离心式喷头具有结构简单、体积小、工作压力低、雾化程度高、流量小等特点。喷洒形式一般为全圆喷洒,由于离心室流道尺寸可设计得比较大,减少了堵塞的可能性,从而对过滤的要求较低。

（2）折射式微喷头

折射式微喷头主要由喷嘴、折射破碎机构和支架三部分构成。其工作原理是水流由喷嘴垂直向上喷出,在折射破碎机构的作用下,水流受阻改变方向,被分散成薄水层向四周射出,在空气阻力作用下形成细小水滴喷洒到土壤表面,喷洒形式有全圆、扇形、条带状喷洒,以放射状水束或雾化状态喷洒等。折射式微喷头又称为雾化微喷头,其工作压力一般为100~350千帕,射程为1~7米,流量为30~250升/时。折射式微喷头的优点是结构简单,没有运动部件,工作可靠,价格便宜;缺点是由于水滴太小,在空气十分干燥、温度高、风力较大且多风的地区,蒸发漂移损失较大。

（3）缝隙式微喷头

缝隙式微喷头一般由2个部分组成,下部是底座,上部是带有缝隙的盖。其工作原理是水流从缝隙中喷出后,在空气阻力作用下,裂散成水滴。缝隙式微喷头从结构上来说也属于折射式微喷头,只是其折射破碎机构与喷嘴距离非常近,形成一个缝隙。

（4）射流式微喷头

射流式微喷头主要由折射臂支架、喷嘴和连接部件构成。其工作原

理是压力水流从喷嘴喷出后,集中成一束,向上喷射到一个可以旋转的单向折射臂上,折射臂上的流道开关不仅改变了水流的方向,使水流以一定喷射仰角喷出,而且还使喷射出的水舌对折射臂产生反作用力,对旋转轴形成一个力矩,使折射臂快速旋转,进行旋转喷洒。故此类微喷头一般均为全圆喷洒。射流式微喷头的工作压力一般为100~200千帕,喷洒半径较大,为1.5~7米,流量为45~250升/时,灌水强度较低,水滴细小,适合于果园、茶园、苗圃、菜园、城市园林绿地等场地的灌溉。此类微喷头有运动部件,加工精度要求较高,旋转部件容易磨损;在大田应用时被太阳光照射,其旋转部件容易老化。因此,此类微喷头的主要缺点是使用寿命较短。

旋转式微喷头主要是由4个部件组成:插杆、接头、微管和喷头。喷头由喷嘴、支架、转轮三部分组成。微喷头旋转体采用异形喷洒折射体,喷洒折射体的折射曲面是组合双曲面,其工作原理是压力水流从喷嘴喷出后,呈线状束流射出,进入转轮的导流槽内,水流经导流、折射,产生向后的推力推动转轮高速旋转,折射后的水流沿转轮旋转的切向方向以一定的仰角射出并粉碎,在其有效射程之内均匀地喷洒,使以旋转轴为圆心的圆形区域内水量喷洒满足均匀度要求。旋转式微喷头工作压力一般为200~300千帕,射程为2~4米,流量为30~100升/时。在蔬菜、果园、苗圃以及花卉等经济作物的灌溉中得到了广泛的应用。

二 微喷头的选型与安装

微喷头的主要参数是喷头射程、工作压力和工作流量。对于同一规格的微喷头,工作压力越高,流量越大,射程也越大。雾化微喷头的雾化效果随工作压力的提升而提升。微喷头的工作压力在80~250千帕,对动力机要求不高,因而应用范围比喷灌更广。

三 微喷头的管理与维护

折射式微喷头内部流道简单,不易发生阻塞。若微喷头因水中杂质堵塞,只需要将堵塞的微喷头旋转拔出,使用缝衣针或大头钉清除杂质即可。

旋转式微喷头的旋转部位经过优化设计,一般不会发生堵塞。更换时用手指固定非旋转部位,将旋转部位旋转拔出即可,使用毛刷或牙刷进行清理。

雾化微喷头流道狭窄,容易发生堵塞,将微喷头取下后,使用缝衣针或大头钉进行清理,并使用毛刷清洁内部。

▶ 第三节 喷灌灌水器

喷灌是喷洒灌溉的简称,是利用专门设备将压力水流送到灌溉地段,通过喷头以均匀喷洒的方式进行灌溉的方法。

一 喷灌喷头

喷灌喷头分为固定式喷头和旋转式喷头。

固定式喷头,结构相对简单,工作可靠,没有活动部件,水滴在喷头内粉碎并向四周散开。特点是水滴小、射程小、流量大、喷灌强度大、水量分布不均匀等。固定式滴头包括折射式喷头、缝隙式喷头、离心式喷头等。

旋转式喷头,由喷嘴、喷管、粉碎机构、转动机构、扇形机构等部件组成。旋转式喷头工作时,喷口绕轴线旋转,其特点是射程远、可选流量范围大、喷灌强度较低、均匀度较高。旋转式喷头包括摇臂式喷头、叶轮式

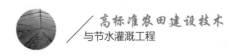
喷头和反作用式喷头等。

二 喷头选型

喷头选型需根据喷灌动力系统、喷灌管道布置、喷头布置、喷灌参数等确定。

1.喷灌动力系统

喷灌动力系统分为机压喷灌系统和自压喷灌系统。

机压喷灌系统由动力机和水泵提供工作压力,多用于平原地区,常用动力机有电机、汽油机、柴油机等。

自压喷灌系统利用自然水头获得工作压力,多用于丘陵山区。

2.喷灌管道布置

喷灌管道布置分为固定管道式喷灌系统、半固定管道式喷灌系统、移动管道式喷灌系统三类。

固定管道式喷灌系统适用于地形起伏大、灌水频繁、劳动力缺乏的地区,是该领域目前主要的发展方向。适用于经济作物、园林、果林、花卉、蔬菜等高经济附加值的作物。

半固定管道式喷灌系统和移动管道式喷灌系统适用于地面平坦的大田粮食作物。

3.喷头布置

喷头布置分为定喷和行喷。

定喷指喷水时喷头位置不移动的喷灌形式。行喷指喷头边移动边喷洒的喷灌形式,多应用于大棚作物。

4.喷头参数

喷灌均匀度:喷灌面积上喷洒水量分布的均匀程度。

喷灌强度:单位时间内喷洒在地面上的水深。

雾化程度:以喷头工作压力和与喷嘴直径的比值表示喷射水流的碎

裂程度。

喷洒水利用系数:喷洒范围内地面和作物的受水量和喷头出水量的比值。

喷头工作压力:喷头工作时,在距其进口下方200毫米处的实测压力值。

喷头流量:单位时间内喷头喷出的水量。

喷头射程:喷头喷洒有效湿润范围的半径。

喷洒方式:喷头工作时所采用的全圆、扇形或带状等方式。

▶ 第四节　其他类型的灌水器

一　地埋喷头

地埋喷头安装于地表以下,有水压供给时弹升至地表以上进行灌溉。

地埋喷头多用于园林景观,隐蔽性好,不易遭人为破坏,对园林景观没有影响。

常用地埋喷头有地埋散射喷头、地埋摇臂喷头、地埋旋转喷头、地埋射线喷头等。

为满足耕地需求,大田地埋喷头具有超过1米的埋深和更高的工作压力,相较于园林地埋喷头,其工作流量也更大。部分大田地埋喷头具有超过2级的伸缩装置。

二　微喷带

微喷带又称"喷灌带""喷水带""喷水管""多孔软管"等。其工作原

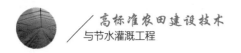

理是用压力让水经过输水管和微喷管带,再被送到田间,通过微喷带上的出水孔,在重力和空气阻力的作用下,形成细雨般的喷洒效果。

微喷带的出水孔按照一定距离和一定规律布设,布设方式有斜五孔、斜三通、横三孔、左右孔和无孔等,出水孔孔径一般为0.1～1.2毫米,孔呈圆形。主要的型号有N30、N45、N50、N65四种规格型号。微喷带主要运用于蔬菜、蘑菇、苗圃作物、果树、花卉、大棚栽培作物等。

现在,微喷带正逐渐被微喷头取代。

▶ 第五节　灌水器选型安装

节水灌溉工程中,滴头流量的选择关系到灌水的均匀性问题。目前,对于滴头流量的设计或选择随意性较大,大多是根据经验进行选择,这样往往无法使土壤设计湿润深度和湿润宽度同时得到满足。

滴头流量选择过大,田间出现径流;滴头流量太小,使土壤湿润带较窄,影响作物生长,造成作物生长高矮不齐;滴头间距太大,使土壤水分分布不均,同一行作物波浪生长。因此,滴头流量的选择,直接影响着作物对水分的利用及土壤的湿润均匀性。灌水器质量差则出水不均匀,也影响作物生长。灌水器是节水灌溉工程中的关键部件,滴灌系统的效率取决于灌水器的选择和设计标准。

另外,灌水器的选择还关系到工程造价的问题。一个节水灌溉工程往往需要成千上万个灌水器,其价格对工程造价影响很大。因此选择时,需要对多个厂家的产品进行对比,选择价格便宜且质量好的灌水器。好的灌水器应该出流量小、出水均匀、抗堵塞性能好、制作精度高、便于安装、坚固耐用、价格便宜。

灌水器选择受多种因素的制约和影响,主要依据作物种类、种植形

式、土壤类型及设计人员的经验,并通过计算、分析确定。在选择灌水器时,应着重考虑以下因素:

第一,作物种类和种植形式不同的作物对灌水的要求不同,相同作物不同的种植形式对灌水的要求也不同。对于大田条播作物,如蔬菜、棉花等,要求将其种植于带状湿润土壤,需要大量的廉价的毛管和灌水器,如滴灌带等;而对于果树及高大的林木,其株行距大,毛管和灌水器需要绕树湿润土壤。不同作物的株行距种植模式,对灌水器流量、间距的要求也不同。因此,在选择灌水器时,应根据作物类型、种植形式及其对水分的要求,选择合适的灌水器。

第二,水分在土壤中的入渗能力和横向扩散能力因土壤质地不同而有显著差异。如砂土,水分入渗快而横向扩散能力较弱,宜选用较大流量的灌水器,以增大水分的横向扩散范围;对于黏性土壤宜选用流量小的灌水器,以免造成地表径流。总之,在选择灌水器流量时,应满足土壤入渗能力和横向扩散能力的要求。

第三,针对不同的地形,要根据工作压力和范围,选择适宜的灌水器。对于地形起伏较大和同一水源控制灌溉面积较大的工程,可选用压力补偿式滴头;对于较为平坦的大田作物和同一水源控制灌溉面积不大的工程,常选用非压力补偿式滴头,自压灌溉时其工作压力范围还应满足水源所能提供的压力。

第四,灌水器的出水均匀度与其制造精度密切相关,灌水器的制造偏差所引起的流量变化有时超过水力学引起的流量变化。因此,应选择制造偏差系数值小的灌水器。

第五,灌水器抗堵塞性能主要取决于灌水器的流道尺寸和流道内水流速度。抗堵塞能力差的灌水器要求高精度的过滤系统。一般情况下,在价格适宜时应选用流道大、抗堵塞性能强的灌水器。

第七章 传感器与控制系统

传感器是控制系统的重要组成部分。传感器采集被控设备工作状态,经决策系统处理后,由控制器控制被控设备完成控制过程。

▶ 第一节 传 感 器

传感器指能感受规定的被测量并按照一定的规律转换成可用信号的器件或装置,通常由敏感元件和转换元件组成。有的半导体敏感元器件可以直接输出电信号,本身就是传感器。

一 传感器概述

传感器能感受到被测量的信息,并能将检测感受到的信息,按一定规律变换成为电信号或其他所需形式的信息输出,以满足信息的传输、处理、存储、显示、记录和控制等要求。它是实现自动检测和自动控制的首要环节。

1.常用传感器

常用传感器有压力传感器、流量传感器、湿度传感器、温度传感器、EC值传感器、加速度传感器、光照强度传感器、风速风向传感器、二氧化碳传感器等。

压力传感器主要用于监测管道压力,为控制器或记录仪提供监测数据,多用于恒压供水系统、自动反冲洗过滤器、施肥装置等设备。

流量传感器主要用于监测管道流量,多用于施肥设备。

湿度传感器主要用于监测环境湿度或土壤水分,多用于灌溉控制系统。

温度传感器主要用于监测环境温度或重要设施设备的工作温度,多用于灌溉系统控制器、施肥设备、精密传感器等。

EC值传感器主要用于监测介质的电导率值,通常用于监测无土栽培的肥料浓度或施肥设备的肥料浓度。

加速度传感器主要用于监测振动、加速度变化等,常用于精密设备。

光照强度传感器、风速风向传感器、二氧化碳传感器等属于气象传感器,多用于智能灌溉设备的环境监测。

2.传感器主要参数

使用传感器需要注意传感器的几个主要参数:量程、精度、工作电压、环境因素。

量程是传感器可以正常工作的输入范围,测量值超出量程不仅无法被传感器测量到,还可能导致传感器损坏。

精度是衡量传感器性能的重要指标,传感器表示的值与实际值之间会存在误差,这个误差越小,精度就越高。

工作电压指传感器在控制系统中正常工作所需的电压范围,任何情况下传感器都应在额定电压范围内工作。工作电压超出额定范围极易导致传感器损坏。

环境因素指传感器的使用环境,以压力传感器为例,可分为常温型号和高温型号,其中高温型号针对电路等进行了针对性的优化,可以在锅炉等热水环境中工作。传感器的使用环境不应劣于标准的使用环境,在非标准环境下使用可能导致传感器损坏。

二 压力传感器

压力传感器通常有测量压力、测量差压2个基本功能。管道上常见的压力表、真空表的功能都属于测量压力。

1.常见压力传感器

常见的压力传感器为硅压力传感器。

得益于我国工业的快速发展,市场上已经出现了很多款适合于农业应用的压力传感器,其安装成本接近于传统的压力表,同时拥有更好的抗震性能。

2.压力传感器工作特性

在实际农业工作中为农用设备选择合适的压力传感器时,不同的设备和工况对压力传感器有一系列不同的要求,除上述量程、精度、工作电压、环境因素外,还需要根据设备工作特点选择合适的压力传感器。其他需要考虑的参数有信号协议、连接方式、传感器体积和安装空间等。

用户在选用压力传感器时,应充分了解传感器的特性,考虑传感器在购买、安装、使用、维护等过程的影响因素,选择最合适的传感器。

3.压力传感器使用及维护

压力传感器的使用应注意以下事项:

(1)正确安装传感器。接线时,将电缆穿过防水接头并拧紧密封螺帽,以防雨水等通过电缆渗漏进变送器壳体内;安装传感器时,应正确使用安装工具,避免传感器受到磕碰。压力传感器内部是弱电,一定要同外界强电隔开,排线时尽量分隔强电和弱电,因特殊情况无法分隔的,压力传感器应采用屏蔽线。

(2)在正确的量程范围内使用。压力传感器是一种精密仪器,其内部使用的压阻式膜片厚度非常薄,仅有1微米左右,因此在使用时要注意管道中偶发的压力尖峰,避开会产生冲击的部位,建议压力传感器在安装时,其在管道中安装位置上下游留有5D长度的区间,D为管道直径。

（3）在管道侧面或上方使用：管道在使用中,水中悬浮物会逐渐沉积在管道下方,不建议将传感器安装在管道底部。

（4）冬季做好防冻措施：冬季发生冰冻时,安装在室外的传感器必须采取防冻措施,避免引压口内的液体因结冰体积膨胀,导致传感器损坏。

三 流量传感器

流量传感器用于监测管道流量,在节水灌溉设备中具有重要作用。流量传感器是智能灌溉设备的必需组件,其监测的流量数据可为灌溉、施肥、故障监测等提供数据支撑。

常见的流量传感器有电磁流量计、超声波流量计、涡轮流量计等。

1.电磁流量计

电磁流量计测量导管中无阻力件,压力损失极小,其流速测量范围较大,为0.5~10米/秒;范围度可达10∶1;流量计的口径可从几毫米到几米以上;流量计的精度为0.5~1.5级;仪表反应快,流动状态对示值影响小。但电磁流量计对测量导电流体的电导率有要求,不能测量气体、蒸汽和电导率低的石油流量。

电磁流量计在节水灌溉设备中应用较多。

2.超声波流量计

超声波流量计不受电率、压力、温度以及黏度的影响,因其不与介质接触,尤其适用于腐蚀性介质的测量。超声波流量计安装简单,费用低,管径适用广泛,不限流、无须缩径。但超声波流量计的测量线路比一般流量计复杂,需要满管操作。

节水灌溉设备采用的超声波流量计多为基于多普勒效应的流量计,超声波流量计不需要与被测液体接触,适应性更广。

3.涡轮流量计

涡轮流量计对测量介质洁净度要求较高,同时涡轮经长时间使用会产生机械磨损,应定期对涡轮流量计进行校正。

节水灌溉设备在使用涡轮流量计时,应将涡轮流量计置于过滤器之后。

4.流量计安装与维护

流量计在灌溉设备中占据很大一部分成本,在安装时按照说明书操作,同时需注意以下几点:

(1)流量计尽量安装在过滤器后端,使进入流量计的水尽可能清洁。水肥一体化灌溉设备尽量避免水中肥料流经流量计,无法避开的应在施肥结束后继续灌溉一段时间,利用清水冲洗流量计和管道。

(2)除容积式流量计外,流量计应尽量安装在长直管段,流量计上游管道长度不低于10D,下游不低于5D,其中D为管道直径。涡轮流量计与涡街流量计对管道内流体流态要求较为严格,流量计上游管道长度不低于20D,上游流态不稳定时应继续增加上游管道长度。

(3)流量计受管道振动影响较大,安装时尽量选择在管道振动较小的区域,必要时可在流量计上游管段前加装缓冲装置。

(4)流量计属于精密仪器,安装时应轻拿轻放,避免磕碰;安装位置应避开干扰源和振动源;要做好信号线屏蔽措施。使用时定期检查其工作状态,冬季及时排空管道内残余水并做好防冻措施。

(四) 湿度传感器

湿度传感器是指能够将湿度转化成容易被测量处理的电信号的装置。

在现代智能灌溉设备中,土壤水分传感器是最基本的传感器。控制器根据土壤水分传感器获取土壤水分信息,控制灌溉的开始和结束。

土壤水分传感器将土壤水分信号转换为电信号输出。土壤水分传感器一般具有3个电极,根据传感器防护等级的不同,一般均可埋置在土壤深度大于40厘米的地方。

土壤水分传感器安装时需注意以下事项:

(1)传感器电极埋置时应特别注意其与灌水器的距离,不宜将传感器埋置在灌水器正下方。

(2)传感器的工作电压、量程、工作环境等应符合实际需求,安装前确认传感器型号。

(3)注意接头处的电缆的防水,传感器埋置时不要过度弯折电缆,接头处电缆是传感器渗水防护的重点,操作不当极易导致传感器内部进水损坏。

(4)操作人员应了解该传感器的基本原理,在使用过程中根据个人经验与实际灌溉效果,及时调整传感器阈值设定,避免出现灌溉量不足或灌溉过度的情况。

五 温度传感器

温度传感器是一种将温度变化转换为电量变化的传感器,它利用感温元件的电参量随温度变化的特性,通过测量电路电信号变化来检测温度。

土壤温度传感器与土壤水分传感器通常在同一集成电路上,由于土壤水分参数与作物生长密切相关,此类传感器主要用于土壤水分测量,兼顾土壤温度测量。

使用时,土壤温度传感器应特别注意传感器量程的选择。

土壤温度传感器的3个电极与内部电路直接连接,使用时不要在电极上施加外部电压,也不要加热电极。

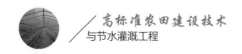

六 电导率EC值传感器

电导率传感器用于测量土壤的电导率,土壤电导率传感器往往与土壤水分传感器和土壤温度传感器集成在一个传感器中。

土壤经施肥后,土壤中导电离子数量增加,电导率随之增加。作物吸收土壤中的养分离子,电导率下降。

电导率传感器可以测量肥料溶液的离子浓度,在无土栽培中,电导率传感器得到了广泛应用。

▶ 第二节　低压控制电器

低压控制电器在节水灌溉工程中大量应用,从基础的接触器、继电器,到具有特定功能的变频器、恒压供水控制器等。

一 常用低压控制电器

1. 接触器

接触器的作用就是使用小电压小电流控制电机的大电压大电流,接触器与继电器的不同之处在于接触器专门为大功率负载进行了专门的优化,增加了灭弧罩,提高了安全性和寿命。

接触器具有线圈电压的区分,通常为24伏、220伏、380伏,控制回路的电压就是接触器线圈的电压。因此,交流接触器的采购参数就是额定电流、辅助触点形式、线圈电压。

2. 中间继电器

中间继电器由线圈和触点组成,可用来控制电路通断、增加电路容量、增加触点数量、代替小型接触器。

中间继电器通常用在PLC控制柜中,其主要功能有两个,一是可用于增加电路容量,PLC的输出点负载能力很低,往往不足500毫安,需要使用中间继电器增加负载容量用于控制电磁阀等大功率设备,常用继电器负载电流可达10安。二是可用于中继电路,PLC输出点往往是共用同一个COM端口,而变频器、控制器的启停控制端子往往是干接点控制,因此需要中间继电器提供一个干接点来控制这些设备的启停。

3.断相与相序保护继电器

断相与相序保护继电器是一种用于保护设备正反转的继电器。

控制2台水泵以上的变频柜、控制大棚风机的配电柜和其他因相序错误会引起重大损失的控制柜,必须安装该继电器。

在实际使用中,该继电器损坏率较高。在空气潮湿、电压不稳定的地区,为了避免因继电器损坏而导致控制柜无法使用,建议额外配置一个作为备用。

4.热过载继电器

热过载继电器通常用于保护电机。热过载继电器可与接触器快速连接,直接接入电机控制回路,当电机连续工作在超过额定功率的工况时,热过载继电器内部双金属片的电流超过预设值,双金属片发生弯曲自动断开电路。

电路断开后,热过载继电器的手动复位按钮自动弹出,用户排除故障后,按下复位按钮即可接通电路。

过载继电器一般与接触器组合安装,采购时需要根据电机功率选择合适的接触器与热过载继电器。

二 开关电器

1.漏电塑壳断路器

漏电塑壳断路器是最常用的断路器,其进出线接线端子使用绝缘片

完整绝缘,整个设备没有裸露的端子,所以安全性要高于空气开关。

2.电动机保护断路器

电动机保护断路器是一种特殊的断路器,适用于电动机或者水泵不频繁的工频启动工况,并且具有缺相保护和灭弧功能。

电动机保护断路器操作便捷,使用时按下启动按钮即可启动电动机,同理按下停止按钮即可使电动机停止工作。

三 功能电器

1.时控开关

时控开关在自动控制电路中作为时间控制元件,可以按照设定的时间接通与断开电路。时控开关由电源电路、控制芯片、LCD显示器、电子开关、继电器等组成。时控开关可在电源电压AC380伏及以下工作。

时间控制器可以设置多组控制时间段,内置的电池可以连续工作数年,工作稳定可靠,而且不需要交直流转换电路。

时控开关适用于定时灌溉项目,如园林绿化、家庭农场、小型灌区等。

2.开关电源

开关电源是把交流电转换为直流电的设备。开关电源的输出波动非常小,适合各种控制器、PLC、传感器使用。

开关电源最常用的就是220 VAC-24 VDC的产品,即将220伏的交流电转换为24伏的直流电。以明纬品牌开关电源为例,最常用的开关电源安装方式有3种,即导轨式、内置机壳式、适配器。

开关电源使用时应特别注意使用环境,不要在潮湿的环境中使用。大功率开关电源应采取通风散热措施。

3.变频器

变频器是应用变频技术与微电子技术,通过改变电动机工作电源频率方式来控制交流电动机的电力控制设备。

变频器主要在节能和自动化系统中应用。节能主要表现在风机、水泵的应用上,这类负载采用变频调速后,节电率为20%~60%。据统计,风机、泵类电动机用电量占全国用电量的31%,占工业用电量的50%,在此类负载上使用变频技术具有非常重要的意义。

使用变频器的优点:

(1)实现恒压供水功能,变频器可以动态调节水泵输出性能,通过检测管道水压力,变频器不断调整水泵转速,使管道压力保持稳定。

(2)变频器可以节约能耗:对于一个实际中的灌溉项目,由于作物的需水量的变化和灌溉流量的变化,水泵并不会一直工作在额定工况;此时,变频器可以在流量小的时候降低水泵转速实现节能,根据各种文献的介绍,综合节能效果在20%~30%。

(3)变频器可以保护水泵:变频器具有完善的过热保护、过载保护、超压保护、反转保护、缺相保护等多种保护效果,不需要额外增加复杂的设备,达到增加可靠性、降低成本的作用。

(4)变频器可以延长设备使用寿命,可以实现无级调速,对水泵运转冲击较小,对电网的高峰电压也具有抑制效果,可以延长设备的使用寿命。同时,变频器可以降低对上游变压器的冲击。

4.恒压供水控制器

恒压供水控制器是指用于控制水泵变频器的专用控制器。恒压供水控制器由LCD显示屏、操作按键、微处理器、电源电路、继电器等组成。恒压供水控制器可控制多台水泵并联运行,并具有软启动、水泵分组启动、自动换泵、自动休眠、缺水保护、过载保护、定时启停等功能。

第三节　专用控制系统

专用控制系统为特定设备研制,多采用嵌入式开发,控制器嵌入到被控制设备中构成一个功能完备的整体。

一　时间控制器

时间控制器可设置多个开关时间段,且开关时间可任意调节。这种控制器可在24小时内实现多次开关,次数一般在10次以上。

时间控制器可直接连接市电,不需要额外的电源电路。时间控制器功能简单、使用方便、造价低廉,特别适用于需要定时启动的园林灌溉和小面积灌溉。

二　变频恒压供水系统

变频恒压供水系统是指在供水管网中用水量发生变化时,出口压力保持不变的供水方式。供水管网的出口压力值是根据用户需求确定的。

1.概述

变频恒压供水系统对水泵电机实行无级调速,依据用水量及水压变化,通过微机检测、运算,自动改变水泵转速,保持水压恒定以满足用水要求,是目前最先进、合理的节能供水系统。与传统的水塔、高位水箱、气压罐等供水方式比较,不论是在投资、运行的经济性方面,还是在系统的稳定性、可靠性、自动化程度等方面,该系统都具有优势。与传统供水方式相比,变频恒压供水节能30%~60%,且占地面积小,投入少,效率高。

由于该系统能对水泵实现软停和软起,并可消除水锤效应(水锤效应:直接启动和停机时,液体动能的急剧变大,导致对管网的极大冲击,有很大破坏力）。操作简便，省时省力。

2. 控制器与变频器

变频恒压供水系统的核心部件为恒压供水控制器和变频器。某品牌KW3200型恒压供水控制器参数见表7-1。

表7-1　某品牌KW3200型恒压供水控制器参数说明

名称	数值	说明	备注
P00	0.2	上电时默认控制压力0.2兆帕	根据实际情况修改
P10	1	水泵循环模式	
P11	1	1#泵是否开启	根据实际情况修改
P12	0	2#泵是否开启	根据实际情况修改
P16	2	最多运行水泵数:5个	控制器可能只支持2个
P18	0	定时换泵时间,0代表不换泵	
P20	1	传感器类型,压力表1,变送器2	
P21	1.00	传感器量程,1.00代表1.0兆帕	
P22	0.00	传感器零点校正	
P23	10%	传感器满量程校正	
P32	35	欠压加泵时间,单位为秒	建议35秒
P39	20	加减速时间,水泵从0到满速	建议20秒
P63	1	用于手自动切换	

恒压供水控制器常用控制参数如下：

P00设置预设压力,控制器启动后控制灌溉系统的管道压力。

P18设置定时换泵时间,控制器会切换处于变频状态的水泵,避免仅使用单台泵工作的情况。

P20设置传感器类型,一般远传压力表采用0~5伏电压信号,压力变送即可采用0~5伏电压信号,也可采用4~20毫安电流信号。

P22设置零点校正,正数指相对零点增加的数值,负数则相反。

P23设置满量程校正,该系数为比例系数,指校正后的数值乘以该系数,正值为增加的百分比,负数则相反。校正时首先校正零点,然后校正最大量程对应的压力。见表7-2。

表7-2　传感器量程校准

传感器读数压力	实际压力	零点校正(−0.04)	满度校正(+11%)
0	0.04	0	0
0.1	0.13	0.09	0.010
0.2	0.22	0.18	0.020
0.3	0.30	0.26	0.029
0.4	0.39	0.35	0.039
0.5	0.48	0.44	0.048
0.6	0.58	0.54	0.059

变频器控制水泵时需要设置参数,需要设置的参数包括启停控制方式、运转频率设定、运转方向设定、输出电压控制等参数。某品牌变频器与控制器连接时需要设置的参数见表7-3。

表7-3　某品牌变频器参数说明

参数	数值	说明	备注
P0.0.03	0	面板控制	手动
	1	端子控制	自动
P0.0.04	2	面板给定频率	手动
	3	端子给定频率	控制器
P0.0.06	0	正向	运行方向,用于控制正反转
	1	反向	
P1.0.00	2	使用平方V/F运行模式	
P1.0.16	0	减速停车	1拖1
	1	自由停车	1拖2/n
P2.0.29	1	变频器运行中	T1继电器功能,用于控制散热风扇

通常变频器的参数是比较固定的,主要有以下几种:

(1)启停控制方式:面板控制和端子控制。端子控制需要连接线路到DI2-COM这种数字量输入上,用于控制变频器启停。

(2)频率给定方式:面板给定可以通过旋钮调节频率,端子给定通过控制器输出的模拟量确定频率,所以模拟量输入端子AI1-GND在这个时候需要和控制器连接在一起。

（3）运转方向：正向和反向，对应电机的正转和反转。当电机转动方向与机壳上标注的运转方向不同时，可通过此参数调整变频器的输出改变电机运转方向。可通过将频率设定为较低的值观察电机的运转方向。

（4）运行模式：平方V/F运行模式适用于水泵类负载，优点是节能、发热小。

（5）停车方式：可选择自由停车或减速停车，自由停车类似于直接切断电源，减速停车是频率慢慢降低直至停车，冲击更小。在变频器控制超过1个电机时，如1拖2变频柜，由于需要快速切换，变频器必须采用自由停车的方式，在切换前停止输出。

（6）输出继电器模式：TA、TC端子指示变频器运转，此时输出继电器跟随变频器的运行状态，非常适合控制额外的散热风扇。

3.使用与维护

恒压供水控制器在安装时需注意以下事项：

（1）变频模式与工频模式下水泵旋转方向必须一致，否则变频向工频切换时会导致极高的冲击电流产生，轻则烧坏接触器，重则烧坏变频器甚至水泵电机。因此，强烈建议此类控制电箱应安装断相与相序保护继电器。

（2）控制器应具有缺水保护、传感器失效保护、过载保护功能，在没有特别需要关闭保护设置的工况时，不建议关闭控制器的保护功能。

三 PLC控制器

当要控制的设备种类超过2个，或数量超过4个，或控制逻辑比较复杂时，应采用PLC控制器。

1.PLC概述

PLC可编程控制器由CPU、指令及数据内存、输入/输出接口、电源、

数字模拟转换等功能单元组成。

以型号为Delta DVP20SX211R的PLC为例,该型号控制器具有8个数字输入通道,4个模拟输入通道,6个继电器数字输出通道,2个模拟输出通道。程序容量:16千步,数据寄存器容量10千字。

该PLC控制器可以连接多种控制模块,具有最多255个数字输出通道,可满足小型节水灌溉工程的控制需求。

2.PLC逻辑控制

PLC控制器具有强大的计时、计数、逻辑控制、通信等功能,可实现复杂的控制功能,如恒压供水、灌区管理、施肥控制等。

以恒压供水功能为例,其核心控制功能分为3个部分,即水压检测、频率控制、水泵控制、控制算法。

3.PLC人机界面HMI

HMI是Human Machine Interface的缩写,即"人机接口",通常称为人机界面。人机界面是计算机控制系统和用户之间进行交互和信息交换的媒介,它实现信息的内部形式与人类可以接受形式之间的转换。人机界面由硬件和软件两部分组成。

HMI软件由系统软件和用户软件组成。系统软件又称"固件",出厂时由厂家写入内部的ROM,用户无法修改系统软件。用户软件为厂家提供编程软件(组态软件),用户在PC上使用组态软件制作"工程文件",并通过串行通信接口将工程文件下载到HMI的ROM中,由HMI处理器运行。

第八章 管理与维护

第一节 安全防护

安全防护是管理工作的重要组成部分,安全防护应做到"以人为本,预防为主"。良好的安全防护制度可有效降低安全事故发生概率,并且能有效降低灾后恢复的成本。

一 安全制度

1.用电安全

用电电器应定期检查,不合格或不符合要求的电器,坚决不准使用。

严禁湿手接触开关、电器设备。

配电箱、开关箱及各用电场所,应挂上明显的标志牌和操作牌。开关、配电箱应有漏电保护,门锁及防雨设施、配电箱进出线、电源开关、保险装置要符合要求,老化破皮、不符合要求的电线不许使用,电线必须架设在绝缘体上。

电气设备必须设保护接零或保护接地且必须设有防雷设施。明线路应悬空架设,不准拖地,不得与金属器械相碰,各种线路一律由电工接线,严禁其他人员乱拉乱接。

工作场所内不得私自接拉电源、电线;未经安全员授权,不得私自操作配电开关。

在切断电源进行设施、设备维护保养时，应在开关处悬挂警示牌，防止错误操作引发触电事故。设施、设备维护保养时，只能拆除自己设置的警示牌。严禁私自操作挂有警示牌的电气开关。

发现电线电缆发热，应立即关闭电源，及时通知负责人、安全员，排查安全隐患，聘请专业电工维修整改。

2.化肥农药安全

采用专门的药品仓库储存化肥、农药。仓库应满足通风要求。仓库内化规章制度要张贴上墙，操作人员要熟知内容并严格遵照执行。

按相应职责进行相关责任人配备，做到农药入库、保管、出库使用均有记录可查。严禁非工作人员领用农药。药品、劳保用品要建立台账。

特殊情况下，农药上锁管理，实行园区负责人负责制。柜中农药设立标签，标签对外，分类整齐摆放。

管理人员、使用人员要穿戴好防护用品，确保人身安全。

离开仓库要锁好门窗，严禁非工作人员入内。进入仓库需提前通风。

3.消防安全

加强对职工的消防安全教育。对消防设施维护保养和使用人员进行实地演示和培训。

落实逐级消防安全责任制和岗位消防安全责任制，落实定期检查制度。

应保持疏散通道、安全出口畅通，严禁占用疏散通道，严禁在安全出口或疏散通道上安装栅栏等影响疏散的障碍物。应按规范设置符合国家规定的消防安全疏散指示标志和应急照明设施。消防安全疏散指示标志、应急照明等设施应处于正常状态，并定期组织检查、维护和保养。

4.工具使用安全

工具在开展作业的过程中是必不可少的，如工具使用不当，很可能会带来严重的后果。因此，使用工具应注意如下几点：

（1）不使用自制工具，如遇到紧急状况确需使用时，做好必要的安全防护，谨防工具伤人。

（2）开展作业时，选择正确的工具类型，使用电动工具需特别注意安全防护，同时注意用电安全。

（3）使用前检查工具的状况，严禁使用具有明显缺陷的工具。参照使用说明书，正确使用工具。

（4）对于工具入库、保管、使用应建立台账，特别是电动工具需要严格记录使用情况。

（5）工具不得私自借予他人使用。

（6）使用时会产生飞溅物的工具，应设立警示标志，划出安全区间。

（7）严禁酒后使用工具。

二 安全培训

对职工进行安全生产（技术）教育，不断提高职工的安全保护意识和业务技术水平，指导和督促职工严格执行安全制度。表扬先进行为，制止违章行为。并加强保护各类设施设备的宣传工作。使各级领导能够依法组织经营管理，贯彻执行"安全第一，预防为主"的方针；使全体职工依法进行安全生产，保护自身安全与健康权益。

1.培训内容

大型园区往往具有多种工作岗位，每个岗位针对不同职工，其培训内容并不相同。

新进职工培训：以基础的安全知识培训为主要内容，包括日常的安全保卫、办公室安全、宿舍安全、交通安全、用电安全等。新进职工应掌握基础的安全操作规程。

新设备安全培训：新设备安全培训内容包括设备的性能特性、工作方式等基础内容。员工应了解设备工作时可能产生的安全事故，以及设

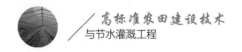

备常见故障的外在表现形式。

事故应急处理:事故发生时,往往需要现场人员进行快速处理。因此,应针对现场特点配备安全措施,并对现场工作人员进行专职培训。当事故发生时,现场人员应保持冷静,按照预案处理事故,确保人员安全,减少损失。

2.培训意义

强化安全生产意识。通过安全培训提高全体职工对安全生产重要意义的认识,使其在日常工作中确保安全生产。

学习安全生产知识。通过培训,提升生产技能,防止误操作;掌握一般职工必须具备的、最起码的安全技术知识。

提升安全管理水平。通过培训提高各级管理人员的安全管理水平。总结以往安全管理的经验,推广现代安全管理方法的应用。

三 安全设计

安全设计包括防爆管安全设计、快速脱离设计与防触电设计。

1.防爆管安全设计

泵房、灌溉设备、施肥设备、过滤器设备均具有防爆设计。

(1)减少控制面板方向上可能导致爆管伤人的配件。操作人员操作控制面板时站立的位置应被控制电箱阻挡,在操作面尽可能减少配件数量。

(2)无法减少的配件,其高压水流方向不指向操作人员的位置。具体设计时,如采用径向压力表,则将水压方向指向正上方,过滤器泄压口指向正下方。

(3)爆管喷水方向不指向电气设备。爆管发生时,水流不指向电气设备,防止电气设备断路造成二次危害。

(4)设置急停按钮。事故发生后,操作人员可立即切断全系统电源,

降低电气设备进水导致短路的概率。

2.防触电设计

电气设备防触电是保障操作人员安全的重要设计内容。

(1)漏电保护器。漏电保护器可在设备故障导致外壳带电时,快速切断电路,防止操作人员触电。

(2)绝缘垫。操作台下方安装橡胶绝缘垫,并设置排水措施,即使操作人员不小心接触漏电部位,也不会触电。

(3)操作面板绝缘处理。操作面板所有可能与人体接触的部分尽量采用绝缘漆喷涂或塑料件覆盖,降低操作人员触电的概率。

第二节　管理工作与工作流程

一）泵房管理工作

1.泵房管理工作

泵房管理工作主要包括安全保卫、泵房内设备巡视、常用物品管理、卫生管理等。

泵房安全保卫主要有:泵房投入使用后,泵房钥匙由专人管理,通常由负责人、安全员、管理员分别保管;泵房由操作人员使用时,从管理员处领用钥匙,并做好记录;管理员需要关注泵房内人员进出,严禁无关人员进入泵房;泵房设备维修或长时间使用时,应注意人员轮换。

泵房内会根据实际工况储存一定的肥料、工具等,因此需要管理人员特别注意内部常用物品的管理。常用物品管理主要包括:泵房内物品存放应具有入库记录,整理后分类存放,引导操作人员按照规定存取物品,同时做好领用记录;泵房内物品应注意其保质期和使用期限,过期物

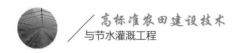

品应及时清理;操作人员归还物品后,应及时记录;物品出现异常时要及时记录并上报。

泵房卫生管理主要包括:使用泵房后应及时打扫泵房内卫生,保持泵房内清洁;定期检查泵房内标语、标志,损坏的标语、标志应及时维护或更换;操作人员进入泵房时应自觉维护泵房内卫生。

2.设备管理工作

设备管理工作应由专人负责,设备操作人员应具备相应专业知识,具有操作设备、应急管理的知识。

设备管理工作包括设备的操作、维护与维修。操作人员操作设备时,应注意:操作人员应按照操作流程操作设备,严禁违规操作;操作设备时应保持良好的精神状态,严禁疲劳状态下操作设备,严禁酒后操作设备;操作设备前检查设备状态,重点检查设备有无外观异常;设备出现故障时,及时上报并排除故障,无法排除的应进行维修;运转时会产生危险的设备,操作时应有安全员陪同;设备出现影响安全的故障时,首先保障人身安全,及时切断电源,应急处理完成后及时上报。

泵房内设备应定期维护,出现故障时,应及时进行维修。维护、维修人员应注意:维护、维修设备前应设立明显的安全标志与警示牌,应有专人看护电源,严禁无关人员在设备维修时打开电源;维护设备应根据设备特点制定维护方案,停机维护与不停机维护的项目合理分配;维护完成后记录日志;维修设备应尽可能在断电情况下完成,维修完成后通电测试。无法断电维修的,由安全员陪同,并特别注意用电安全;现场维修无法清除故障的,应将设备拆卸后返厂维修,返厂维修完成后,应重新设置警示牌安装设备;维修完成后撤除设立的标识牌,记录维修日志。

二 主要设备管理工作

1.灌溉主泵补水

灌溉主泵通常采用离心泵,离心泵在使用时需要进行补水,具体补水过程如下:

泵房内安装有补水桶,由补水泵向桶内补水,桶内水位升高到预设值,补水泵自动停机,补水过程中水位下降到最低点时,补水泵会自动启动。

关闭主泵出水阀门,打开补水阀,由补水桶向主泵补水,补水时观察补水桶内水位,待水位不再下降时,启动灌溉主泵。

变频恒压供水系统的欠压加泵时间通常为20~100秒,水泵提速时间为10~30秒。当水泵在20赫兹以上转速运转超过20秒仍然不出水的,及时停止灌溉主泵,避免变频系统将正在运行的泵切换为工频模式,此时应检查主泵补水状态。

灌溉主泵有排气口和放水口,如遇到首次补水不出水的情况,使用扳手拧松排气口螺丝,打开补水阀继续补水,此时排气口会传出排气声,待排气口稳定出水后关闭排气孔,即可启动灌溉主泵。

如打开排水口长时间补水依然无法补满,应检查进水管道有无破损,进水管止逆阀有无泄漏。

如首次补水水泵仅能泵出少量水,应检查进水管道最高点,进水管道最高点不宜超过水泵进水口,进水管弯折处不宜有储存空气的管段。可通过用手感受进水管不同区域温度判断进水管是否充满水,也可通过敲击进水管听音辨别进水管内是否充满水。

2.恒压供水控制系统

恒压供水控制系统的工作方式需与恒压供水控制器的控制流程匹配,常见恒压供水系统按照如下流程工作:

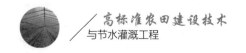

控制器上电后读取内部存储的参数，主要包括控制器当前的故障代码、控制器内部时间、定时开启水泵的时间、要控制的水泵数量、各个水泵已经工作的时间、当前读取到的水压力、用户设定的水压等。

若用户设定了定时启动的功能，控制器会将启动时间与当前时间进行对比，达到设置的时间时，控制器自动启动灌溉。若为手动启停控制，则控制器等待用户按下启动开关后，启动灌溉。

控制器会读取水泵数量和对应水泵的工作时长，当具有多台水泵时，控制器会控制工作时长较短的水泵先启动。

控制器会不断读取当前的水压力，当水压力低于用户设置的压力时，控制器控制水泵不断加速，水泵加速所用的时间由用户预先设定，通常设置为10~30秒，当水压达到预设值之后，控制器微调水泵转速，使水压保持稳定。

若控制器将当前水泵提速至50赫兹的最大转速后，在用户设定的20~60秒的时间内依然无法达到设置的水压力，当只有一台水泵时，控制器会将水泵转速固定在50赫兹的最大转速。当水泵数量超过一台时，控制器会将当前水泵转入工频模式，然后重新控制下一台水泵启动。

当用户打开灌区阀门，管道内压力下降，控制器提升水泵转速，若达到最大转速压力，压力值依然小于预设值，则控制器控制当前水泵转入工频模式，继续启动未启动的水泵。

当用户关闭灌区阀门，管道内压力上升，控制器降低水泵转速，若此时水泵转速低于20赫兹，控制器控制当前水泵停机，将剩余开启水泵中的其中一台水泵转入变频模式。

定时时间结束或用户按下停止按钮后，控制器停止灌溉。

▶ 第三节 常见故障处理

一 管道系统故障

1. 管道故障

管道故障一般分为管道变形、破裂两种。

如遇 HDPE、PP-R 等热熔管道变形,应使用焊机加热管道,待管道软化后,尝试将管道变形部分挤压调整,尽量修复为圆形。

成功修复的管道根据焊接质量,降低其压力等级、流量等级和使用地点,尽量置于压力较低的地上管道部分使用,其通过流量也应适当降低。即使其发生二次损坏,依然便于修复。

如遇 PVC-U 非热熔管道及管道全管段变形,建议将其返厂回收,重新制造后降级使用。

不同材质管道损坏的维修方案详见附录。

2. 仪表类故障

排查压力表、流量表、水表故障时,可根据水流情况初步判断仪表工作是否正常,同时根据其他可供参考的仪表进行比较。

初次使用的管道过流时,水流温度通常与管道温度存在较大差异,可通过管道温度判断水流位置。水流流动时产生的声响同样可以帮助获取水流的流态等信息。

常见仪表故障有不归零、表显不准确、超量程、不显示等。发生此类故障的仪表均不可继续使用,应返厂维修。

排查仪表故障应注意保护仪表,以免在排查过程中损坏正常仪表。

二 电气系统故障

1.控制器类

控制器出现故障一般会显示故障码,操作人员首先根据故障码查询用户手册,分析控制器故障原因并尝试排查故障,找到故障原因后根据手册排除故障,如无法排除,则联系控制器厂家售后。

控制器属于精密设备,不建议私自拆卸,应由厂家进行维修。

2.水泵

水泵常见故障与维修见附录。

水泵在市场上十分常见,当遇到水泵故障需要尽快排除时,可由当地市场上的专业水泵维修人员到现场,与厂家进行视频连线,由厂家提供技术支持,进而排除故障。

水泵部分故障可由控制器根据水泵工作状态推断,控制器有关水泵的错误代码可为维修人员提供参考。

3.传感器类

传感器属于精密仪器,当疑似出现传感器故障时,操作人员应根据用户手册排查故障原因。排查故障时严禁使用工具敲击传感器,以免传感器损坏。

传感器在控制系统中具有重要作用,传感器损坏可能导致整个系统无法工作。部分传感器损坏不会影响控制系统工作,此类传感器在用户手册中均有标注。

对于传感器损坏导致系统无法工作的,当确定传感器故障后,操作人员应尽快联系厂家将新传感器发出,以最快速度恢复系统正常工作。

▶ 第四节 维护保养

灌溉设备在使用时会逐渐发生磨损,如果不能及时对其进行维修保养,就会使设备的经济性、实用性逐渐下降。因此,在灌溉设备的日常使用阶段,要做好相应的维修保养工作,以便维持设备的正常运行。

周期性维护的对象主要是经常运转的机械组件、电气设备等组件。

维护保养的主要内容如下:

需要定期检查水泵、电机、风机的运转状况。具有传感器的需要分析传感器采集的声音、振动、温度有无异常,数据采集有无中断。没有传感器的主要通过感受机械运转时的声音、振动、温度等判断其工作状态。

运转部件和机械部件应定期补充润滑油或润滑脂,检查主要易损件的工作状况,确保机械运转顺畅。

定期检查电线电缆端子和接头处有无松动,有无明显的氧化痕迹或烧蚀痕迹。

定期清理设备卫生,灰尘等杂物会对机械部件运转产生不利影响,严重的会造成损坏,因此,应定期使用工具清理杂物。

第九章 高标准农田典型节水灌溉工程案例

节水灌溉工程的实际应用是了解工程设计的最有效方式,本章介绍典型的节水灌溉工程案例。

▶ 第一节 滴灌工程

一 项目概况

安徽省合肥市长丰县岗集镇某薄壳山核桃项目为典型的滴灌工程项目。项目区位于合肥市长丰县岗集镇,项目内容为460亩山核桃节水灌溉(水肥一体化)滴灌示范工程。

薄壳山核桃,又名美国山核桃、长山核桃,商品名为碧根果,为胡桃科山核桃属,是重要的木本油料及食用坚果树种。原产于美国和墨西哥北部的河谷地带,适宜安徽全省栽培。

薄壳山核桃树体高大、枝叶茂密、根系庞杂,适合在水肥充足、向阳背风、土层深厚、腐殖质含量高、质地疏松、土壤湿润且通透性好的砂壤土或壤土种植。项目区位于江淮丘陵地区,为典型丘陵地貌,年降水量充足,土壤为砂壤土,具有优良的种植条件。

二 设计

项目采用自下向上的设计模式,首先根据作物类型确定灌水器类型

图9-1　山核桃滴灌管道布置

和规格,然后根据灌水器规格计算干管、支管规格,最后综合项目地形地貌、水源位置、主干管规格等确定泵房规格,完成整个项目的设计。

1.灌水器

薄壳山核桃为喜水作物,但不耐涝、不耐旱。项目区为丘陵地区,地势较高且排水措施完备,不易积水,因此需采用节水灌溉工程定期补水。

为满足薄壳山核桃生长需要,按照30 000株/千米²的密度栽植薄壳山核桃,同时在每株薄壳山核桃树木根部20~30厘米处设置一处滴灌口,每株薄壳山核桃每天的滴灌时间为4~8小时,灌溉流量为4升/时,可在全季节范围内满足薄壳山核桃的生长需求。

460亩项目地上共种植薄壳山核桃约9 000株,采用小管出流灌水器作为主要滴灌灌水器,总需水流量为36米³/时。

项目地道路两侧种植有景观作物,采用折射式雾化喷头灌溉,喷头流量为20升/时,安装数量约为200个,总需水流量为4米³/时。

根据项目区地形与作物种类,共分为4个灌区,其中地势较高的区域为1个灌区,绿化为1个灌区。

图9-2　滴灌灌水器

2.支管

支管采用LDPE管,沿种植方向直线铺设,并在支管上打孔安装小管出流灌水器。支管规格为DN20,支管设计流量1.5米³/时,支管长度根据田块形状,具体长度在50~200米。

LDPE管道在生产时由盘管机卷成一卷,每卷长度为200~500米,可根据客户需求进行定制。管道在安装时可以通过管道接头快速连接,铺设完成后采用快速打孔器打孔安装小管出流灌水器,铺设速度很快。

3.干管

干管采用HDPE管道,管道规格为DN50,设计流量15米³/时。干管从泵房引出至各灌区。

HDPE管道具有较好的柔韧性,可在铺设时进行一定程度的弯折,对于丘陵地区的适应性高于PVC管道。

4.泵房设计

为保证各个地块内支管末端与泵房的距离几乎相同,这样能够最大限度减小管道内部摩擦对管道水头的损耗,同时保证各田块在灌溉时管道内水压相同,所以将泵房设立在整个核桃种植园区的中间位置。

水肥一体化泵房为活动板房,占地面积为35平方米,泵房与天然水塘距离20米,为保证取到天然水塘内的上层水,泵房内并未使用离心泵,而是在水塘内使用潜水泵与浮筒的结构,通过多个浮筒使潜水泵浮于塘水上层。潜水泵与泵房内过滤器设备通过HDPE管道相连接,并通过柔性接头缓冲水泵因水位变化造成管道弯曲。

图9-3　水肥一体化泵房

泵房内主要配置有智能灌溉控制柜、砂石过滤器、叠片过滤器、施肥机、肥料搅拌桶、安防监控设备等。

智能灌溉控制柜安装有操作面板,操作面板控制水泵恒压供水,控制施肥设备完成施肥,同时具有远程通信功能,可在网页端或手机应用软件端同步操作。砂石过滤器为双通道自动反冲洗过滤器,叠片过滤器为双通道自动反冲洗过滤器。施肥机为3通道施肥机,配有搅拌桶及搅拌器。

泵房内灌区均设有手动阀门与电磁阀,其中电磁阀为主要阀门,手动阀门作为备用阀门与检修阀门。

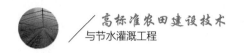
▶ 第二节　喷　灌　工　程

一　项目概况

安徽省合肥市庐江县某温室蔬菜大棚节水灌溉项目为典型的喷灌工程项目。项目区位于合肥市庐江县,项目内容为100亩温室蔬菜大棚节水灌溉喷灌示范工程。

项目主要蔬菜品种为苦菊,又名苦苣、明目菜、苦细叶生菜,有消炎解毒的作用,是菊科菊苣属一、二年生草本植物。应选择阳光充足、生态条件良好、远离污染源、排灌方便、疏松肥沃、土层深厚湿润、保水保肥力较好、pH为4.5~8.5的壤土或黏土地块来种植苦菊。气温在5℃以上时苦菊均能生长,甚至在冬季–10℃的短期低温下,苗株仍能保持青绿。如果冬季气温长期在–5℃以下则不能露地栽培,应选择保护地栽培。

二　设计

首先结合温室尺寸和结构、棚内蔬菜种类和种植间距、通道布置等确定灌水器类型和规格,然后根据灌水器规格计算干管、支管规格,最后综合项目地形地貌、水源位置、主干管规格等确定泵房规格,完成整个项目的设计。

1.灌水器

根据苦菊生长需要,温室内灌水器采用折射式雾化微喷头,灌溉时间为0.5~2小时,灌溉流量为22升/时。

项目地共设温室大棚80个,每个温室大棚设喷头160个,需水流量为3.5米³/时。

根据项目区地形与作物种类,共分为4个灌区,其中地势较高的区域为1个灌区,绿化为1个灌区。

（a）   （b）

图9-4　雾化喷灌工作效果图

2. 支管

二级支管采用LDPE管道,沿温室大棚纵向铺设,悬挂高度2.5米,并在支管上打孔安装折射式微喷头。支管规格为DN20,支管设计流量2米³/时,棚内设4条支管,长度在60~80米。

一级支管类型为PVC-U管道,管道规格为DN50,设计流量15米³/时。每个一级支管向4个温室大棚供水。

3. 干管

干管采用PVC-U管道,管道规格为DN100,设计流量55米³/时。每个干管控制1个灌区,干管控制3~4个支管,即12~16个大棚,共设立6个灌区。

4. 泵房设计

项目地内部开挖有矩形蓄水池,水池长100米,宽20米,水深2米,储水量超过4 000立方米。沿水池两侧布置80个温室大棚。蓄水池正中设有交通桥,交通桥上设有泵房,泵房为砖混结构,占地面积为40平方米。考虑到水泵平均工作时间较长,泵房内设有4台潜水泵。潜水泵不需要补水,易于操作和维护。同时泵房内设置有手动葫芦用于起吊水泵进行

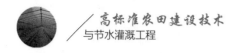

维护。

泵房内主要配置有智能灌溉控制柜、叠片过滤器、施肥机、肥料搅拌桶等。

智能灌溉控制柜安装有简易操作面板,可通过简易操作面板控制水泵启动和变频恒压供水,4台水泵互为备份,常用配置为"2用2备"。

泵房内设置2组叠片过滤器,过滤器为4通道过滤器。过滤器进出水段均安装有大尺寸压力表,由人工检查工作压力,确定是否需要清洗。

施肥机为单通道施肥机,配有搅拌桶及搅拌器,人工混合肥料后由施肥机将肥料泵入灌溉管道完成灌溉和施肥。

▶ 第三节　智能园区灌溉工程

一 项目概况

安徽省亳州市涡阳县某中草药节水灌溉项目是针对复杂灌溉工况设计的典型的节水灌溉项目。

项目由3 000平方米连栋棚和30亩露天田块作物组成,其连栋棚为6连设计,用于种植对环境要求较高的中草药,露天田块种植一般中草药。

二 设计

首先结合温室尺寸和结构、棚内中草药种类和种植间距、通道布置等确定灌水器类型和规格,然后根据灌水器规格计算干管、支管规格,最后综合项目地形地貌、水源位置、主干管规格等确定泵房规格,完成整个项目的设计。

图9-5　项目连栋温室与露天田块布置

1.连栋棚灌水器

项目温室为多功能温室,具有育苗等多种功能,灌水器同时采用滴灌和微喷灌设计。每栋温室设为1个灌区,共包含6个灌区。

棚内支管采用LDPE管道,管道规格DN20,悬挂高度2米,并在支管上打孔安装折射式雾化微喷头。每栋温室大棚设支管9条,每条支管设喷头41个,共安装喷头369个,每栋温室需水流量为8.1米³/时。

图9-6　连栋温室喷灌布置

滴灌采用内嵌式滴灌管,滴头流量2升/时,滴头密度为每米3个,每根滴灌管都有阀门控制。每栋温室大棚设滴灌管12条,每条滴灌管长度为42米,共包含滴头1 512个,每栋温室需水流量为3米³/时。

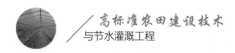

图9-7 连栋温室滴灌布置

每栋温室喷灌与滴灌总流量为11.1米³/时,每栋温室采用电磁阀控制,分支管道采用手动阀控制。

2.露天田块灌水器

露天田块根据作物种类不同,可同时安装滴灌管、滴灌带或地插式微喷灌喷头,因此采用露天安装的LDPE管道作为支管,并打孔安装同时支持滴灌管和滴灌带的多功能阀门,并采用变径接头将地插式微喷灌喷头安装到阀门上。

露天田块采用的滴灌管与滴灌带规格近似,滴头流量2升/时,每条滴灌管长度为19~46米,每条滴灌管道间距在40~80厘米。地插式喷头采用与棚内相同的折射式雾化喷头。

露天田块共分为4个灌区,由电磁阀进行控制,灌区内由手动阀控制。灌区根据实际大小,其流量为30~40米³/时。

3.干支管道

干管、支管均采用地埋式安装。支管类型为PVC-U管道,管道规格为DN50,设计流量15米³/时。每条支管向1栋温室大棚供水。干管采用PVC-U管道,管道规格为DN80,设计流量37米³/时。

图9-8 露天田块滴灌

4.泵房

项目地内部开挖有矩形蓄水池,水池面积2 000平方米,储水量超过3 000立方米。泵房为砖混结构,位于池塘北侧10米处,占地面积为32平方米。

泵房内设有1台智能灌溉机组,机组含有立式离心泵2台,1组2通道过滤器,设计最大流量40米³/时。同时配置1台3通道施肥机,配有3个搅拌桶及搅拌器。

图9-9 物联网泵房图

附　　录

表一　速查表

管道特性对比

管道特性对比表

特性	管道材质			
	PVC-U	HDPE	LDPE	PP-R
描述	硬聚氯乙烯	高密度聚乙烯	低密度聚乙烯	聚丙烯
硬度	高	高	低	中
柔韧性	低	中	高	高
重量	轻	重	轻	重
耐压	高	高	中	高
耐寒	低	高	高	高
现场加工难度	低	高	低	高
耐冲击	中	高	中	高

注:PVC-U管道综合安装与维护成本较低,多应用于灌溉主管道;HDPE管道韧性好,耐冲击,多用于过路管道;LDPE管道柔韧性好,多用于灌溉毛管;PP-R管道成本较高,应用较少。

管道流量速查

PVC管道流量速查表

类别 DN	类别 De	管外 径 毫米	壁厚 毫米	管内 径 毫米	最小 流量 1.0米/秒	最大 流量 1.5米/秒	加大 流量 2.0米/秒	极限 流量 2.5米/秒	不冲 流量 3.0米/秒
	De10	10	1	8	0.18	0.27	0.36	0.45	0.54
DN10	De12	12	1	10	0.28	0.42	0.57	0.71	0.85
DN12	De15	15	1	13	0.48	0.72	0.96	1.19	1.43
DN15	De20	20	2	16	0.72	1.09	1.45	1.81	2.17
DN20	De25	25	2	21	1.25	1.87	2.49	3.12	3.74
DN25	De32	32	2	28	2.22	3.33	4.43	5.54	6.65
DN32	De40	40	2	36	3.66	5.50	7.33	9.16	11.0
DN40	De50	50	2.4	45.2	5.78	8.66	11.6	14.4	17.3
DN50	De63	63	3	57	9.19	13.8	18.4	23.0	27.6
DN65	De75	75	3.5	68	13.1	19.6	26.2	32.7	39.2
DN80	De90	90	4.3	81.4	18.7	28.1	37.5	46.8	56.2
DN100	De110	110	4.8	100.4	28.5	42.7	57.0	71.2	85.5
DN125	De140	140	5.5	129	47.0	70.6	94.1	118	141
DN150	De160	160	7	146	60.3	90.4	120	151	181
DN160	De180	180		180	91.6	137	183	229	275
DN180	De200	200		200	113	170	226	283	339
DN200	De225	225		225	143	215	286	358	430

注:除泵出口等特殊位置外,建议管道流速不超过2.0米/秒。管道流速过高会增加管道水流压力损耗,同时会导致管道的异常振动。

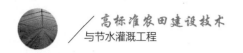
表二　常见故障一览表

水泵故障与维修

水泵故障一览表

故障类型	可能原因	解决方案	无法解决处理方案
A.无法启动	1.供电异常 2.电机缺相 3.电机转子卡死或泵叶轮卡死 4.变频器保护	1.检查供电线路 2.检查三相电是否存在缺相 3.手动拨动叶轮检查 4.检查变频器故障代码	返厂维修
B.不出水	1.电压低,水泵未达到额定转速 2.进出水口堵塞 3.进水管或泵壳密封失效	1.检查供电电压 2.检查进出水口 3.检查密封	返厂维修
C.流量不足	1.供电电压低,水泵动力不足 2.叶轮损坏,水泵效率降低 3.叶轮卡住,转速不足 4.进出水口进入杂物 5.变频系统设置错误	1.检查供电电压 2.检查叶轮 3.检查密封 4.检查进出水口 5.检查变频系统参数,特别是频率参数	返厂维修
D.不吸水	1.进水管或泵壳密封失效 2.水源水泵低于进水口 3.进出水口堵塞	1.检查水封等密封 2.检查水源水泵 3.同C.4	返厂维修
E.压力低	1.供电异常 2.电机缺相 3.吸入杂物,电机转动受阻 4.变频系统设置错误 5.压力表故障	1.同A.1 2.同A.2 3.检查泵运转 4.检查变频系统参数,特别是电压参数和频率参数 5.检查压力表显示是否正常	离心泵关闸运行,无法解决返厂维修

故障类型	可能原因	解决方案	无法解决处理方案
F. 泵体剧烈振动	1. 进水管或泵体内吸入杂物 2. 底座固定失效	1. 检查进水管或泵体内是否有杂物 2. 检查底座固定状况	空载运行测试,无法解决返厂维修
G. 运转噪声大	1. 进水管或泵体内吸入杂物 2. 底座固定失效 3. 供电异常	1. 同 G.1 2. 同 G.2 3. 检查供电	空载运行测试,无法解决返厂维修
H. 消耗功率大	1. 水中杂物多,泵运转负荷大 2. 管道流量异常增加,泵水负荷增加 3. 变频系统设置错误	1. 检查水质 2. 检查流量异常增加的原因,如管道中阀门开启是否满足设计要求,管道中是否存在串联的水泵 3. 检查变频系统参数	空载运行测试,无法解决返厂维修
I. 电机发热严重	1. 电机缺相 2. 水泵严重过载 3. 电机散热风扇损坏 4. 泵房内散热失效 5. 变频系统设置错误	1. 检查电路 2. 检查水泵负荷,如检查水泵工作电压与电流 3. 检查散热设备 4. 检查泵房散热 5. 检查变频系统参数	空载运行测试,无法解决返厂维修

注:变频系统对水泵影响很大,使用变频系统时特别注意变频系统的设置,包括变频器、控制器、远程压力表、压力传感器的工况。

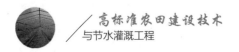

阀门故障与维修

阀门故障一览表

故障类型	可能原因	解决方案	无法解决处理方案
A.无法开启	1.转轴缺少润滑或卡死 2.压力过高,启闭力不足 3.转轴断裂失效	1.检查转轴 2.降低压力尝试 3.检查转轴转动阻力,阻力小转轴失效	返厂维修
B.无法关闭	1.转轴缺少润滑或卡死 2.压力过高,启闭力不足 3.转轴断裂失效	1.同A.1 2.同A.2 3.同A.3	返厂维修
C.漏水渗水	1.阀体破裂 2.转轴密封损坏 3.压力过高,密封处渗水	1.检查阀体 2.检查密封 3.检查压力或阀门活动部件密封性	返厂维修
D.电磁阀通电无动作	1.线路失效 2.先导电磁阀管路堵塞 3.动作线圈失效 4.工作压力不符	1.检查线路 2.检查阀内先导管路 3.检查动作线圈 4.检查管道压力,检查阀门活动部件密封性	空载测试,无法解决返厂维修
E.电磁阀断电无动作	1.线路失效 2.先导电磁阀管路堵塞 3.动作线圈失效 4.工作压力不符	1.检查线路 2.检查阀内先导管路 3.检查动作线圈 4.检查管道压力,检查阀门耐压	空载测试,无法解决返厂维修
F.阀门噪声大	1.阀内存在空气 2.阀内存在异物	1.检查管道与阀门是否存在空气 2.检查阀门内是否存在异物	返厂维修
G.水力驱动阀门无动作	1.先导管道堵塞 2.阀门回位弹簧失效 3.工作压力不符	1.检查阀内先导管路有无异物 2.检查阀门弹簧 3.检查管道压力或阀门工作压力是否相符	返厂维修

注:水力驱动阀门在使用时特别注意导管堵塞问题,应定期清理导管中的杂质。

管道故障与维修

管道故障一览表

管道类型	接头渗水维修	管道破损维修
A.PVC–U	1.接口未采用黏合剂的,将水分擦干后重新黏合 2.黏合剂用量不足的,将接头处黏合剂和水分擦除,重新黏合 3.正常黏合依然渗水的,检查接头处管道是否发生形变,采用专用修补黏合剂重新黏合	1.破损部位小的,采用套管接头黏合破损部位 2.破损部位较大的,清除破损部位,使用管道接头重新黏合 3.严重破损的,重新铺设管道
B.HDPE	1.接口热熔不均匀导致渗水的,当渗水部位较小时,压力较低时,可采用热风枪融化渗水部位进行密封,密封前尽量排空管道内水分 2热熔部位发生漏水时,建议清除漏水部位,重新修复 3.受力部位可采用加强筋进行补强	1.面积较小的,采用补丁修补加固 2.面积较大或工作压力较高的,建议清除破损部位重新安装
C.LDPE	1.接头处出现渗水的,检查接头是否存在加工导致的毛刺等锐利部位,重新连接 2.连接部位可采用铁丝扎死等进行加固 3.采用套筒进行加固	LDPE 难以焊接,建议清除破损部位,采用接头重新连接
D.PP–R	同 HDPE	同 HDPE

注:修复后的管道应注意定期检查。

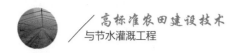
表三　常用工具表

管道安装工具说明

管道安装工具一览表

管道类型	类型与作用	应用
通用工具	1.车辆	1.野外工作运输人员装备等
	2.汽油发电机、逆变器、蓄电池等	2.野外工作时供电
	3.切割机	3.大量管道切割
	4.手锯	4.少量管道切割
	5.管道切割器	5.小型管道快速切割
	6.直尺、卷尺、软尺、水平尺等	6.管道测量与安装辅助
	7.电钻、开孔器	7.HDPE 或 PP-R 管道开孔
	8.扳手、活动扳手、螺丝刀、套筒等	8.法兰螺丝、设备固定等安装
	9.异形布带扳手、水泵钳	9.紧固异形管道配件,如活接、内外螺纹直接等
	10.冲击钻、电锤等	10.墙壁安装膨胀丝等,用于固定设备、管道等
	11.结构胶、泡沫胶、玻璃胶等	11.设备安装,外观与走线美化
	12.安全设施设备,如灭火器、安全标志等	12.保障安全生产
	13.劳保用品和防护用品,如手套、雨伞雨衣、防暑降温药品、驱蚊用品等	13.保护操作人员健康与安全
	14.照明设备	14.用以照明
A.PVC-U	1.角磨机、砂纸等	1.打磨管道连接件,增强接头机械性能
	2.黏合剂、刷子等	2.连接管道、配件、设备等
B.HDPE	1.焊机	1.焊接管道
	2.焊盘	2.焊接管道
	3.热风枪	3.管道补强、维修
C.LDPE	1.剪刀	1.管道切割
	2.打孔器	2.小尺寸支管与管道配件安装
D.PP-R	1.焊机	1.焊接管道
	2.焊盘	2.焊接管道

注:车辆行驶遵守交通规则,野外作业时做好安全防护。

控制系统安装与调试工具说明

控制系统安装与调试工具一览表

管道类型	类型与作用	应用
通用工具	1.剥线钳、剪线钳	1.设备线路切割与连接
	2.扳手、套筒、螺丝刀套装	2.设备安装与连接
	3.绝缘胶带、防水胶带、高胶带	3.连接电线接头
	4.扎线带、粘钩	4.分组固定连接线,便于后期线缆维护
	5.电钻、打孔器	5.打孔安装电缆、管道等
	6.标签、操作规程、说明等	6.辅助安装人员完成安装与调试,安装完成后辅助使用人员操作设备
	7.万用表、测电笔	7.用于电路检测与维护
	8.人字梯、折叠梯	8.便于设备安装与维护
	9.绝缘手套	9.保障安全生产
	10.劳保用品	10.保障安全生产
	11.安全生产设施	11.保障安全生产
A.配电箱	1.配电箱钥匙	1.解锁配电箱
	2.限位器	2.限制配电箱门的开启位置,便于调试人员操作
B.控制器	1.USB转串口通信电缆、网线等	1.连接PC与控制器进行调试
	2.上位机软件、调试软件、测试软件等	2.与控制器通信,测试控制器功能,或辅助控制器完成控制功能
	3.备用传感器、控制器	3.备件用于替换损坏的设备
C.泵房设备	1.葫芦等起重设备	1.吊装水泵等重型设备
	2.开槽机	2.泵房内排水槽、线槽的开槽
	3.灭火器等安全生产设备	3.安全生产应急灭火
操作规程	1.安全操作规程	1.现场操作人员按照安全操作规程操作,杜绝安全事故
	2.使用说明	2.辅助操作人员完成设备操作
	3.售后维护信息	3.设备损坏后便于使用人员联系售后服务

注:特别注意用电安全。

参 考 文 献

[1] 伊川县人民政府.什么是高标准基本农田建设?[EB/OL].(2022-03-17).
    http://www.yichuan.gov.cn/html/1/2/4/8/176/357/11004333.html.

[2] 农业农村部.关于印发《全国高标准农田建设规划(2021—2030年)》的通知
    [EB/OL].(2022-06-01).http://www.ntjss.moa.gov.cn/zcfb/202109/t20210915_
    6376511.htm.

[3] 中华人民共和国国家质量监督检验检疫总局,中国国家标准化管理委员会.
    高标准农田建设通则:GB/T 30600—2022[S].北京:中国标准出版社,2022.

[4] 陈哲威,任康宁,王影.高标准农田建设中节水灌溉技术应用[J].南方农机,
    2022,53(12):190-192.

[5] 郭元裕.农田水利学[M].北京:中国水利水电出版社,1997.

[6] 迟道才.灌溉排水工程学[M].北京:中国水利水电出版社,2010.

[7] 中华人民共和国住房和城乡建设部,中华人民共和国国家质量监督检验检
    疫总局.节水灌溉工程验收规范:GB/T 50769—2012[S].北京:中国计划出版
    社,2012.

[8] 中华人民共和国住房和城乡建设部,中华人民共和国国家质量监督检验检
    疫总局.灌溉与排水工程设计标准:GB 50288—2018[S].北京:中国计划出版
    社,2018.

[9] 中华人民共和国住房和城乡建设部,国家市场监督管理总局.微灌工程技术
    标准:GB/T 50485—2020[S].北京:中国计划出版社,2020.

[10] 中华人民共和国住房和城乡建设部,中华人民共和国国家质量监督检验检
    疫总局.节水灌溉工程技术标准:GB/T 50363—2018[S].北京:中国计划出
    版社,2018.

[11] 王福军.水泵与水泵站[M].北京:中国农业出版社,2005.

[12] 中华人民共和国住房和城乡建设部,国家市场监督管理总局.泵站设计标

准：GB 50265—2022[S].北京：中国计划出版社，2022.

[13] 国家市场监督管理总局，国家标准化管理委员会.泵站技术管理规程：GB/T 30948—2021[S].北京：中国标准出版社，2021.

[14] 黄建成，龚伏秋，王黎，等.中小型灌溉/排水泵站简明技术指南[M].北京：中国水利电力出版社，2013.

[15] 张湘隆，陈坚，张小军.大变幅水位水源泵站取水方式及机组选型研究[J].中国农村水利水电，2006(05)：97-101.

[16] 刘超祥.农村机电提灌站建设思考[J].南方农机，2017，48(05)：50，54.

[17] 李红星.引水渠施工技术研究[J].科技创新与应用，2012(23)：173.

[18] 王成福，李明思，吕廷波.滴灌区加压泵站设计问题探讨[J].中国农村水利水电，2012(04)：89-91.

[19] 朱红耕.双泵共用进水池三维紊流数值模拟和试验研究[J].灌溉排水学报，2004(01)：66-69.

[20] 钱福军，夏卫中.小型泵站能耗分析与节能研究[J].人民长江，2016，47(02)：36-41.

[21] 魏龙.泵运行与维修实用技术[M].化学工业出版社，2021.

[22] 林海斌，詹昌海，伍鹏，等.农用自吸泵的水力设计[J].新型工业化，2018，8(11)：51-55.

[23] 中华人民共和国水利部.潜水泵站技术规范：SL 584—2012[S].北京：中国水利水电出版社，2012.

[24] 中华人民共和国国家质量监督检验检疫总局，中国国家标准化管理委员会.井用潜水泵：GB/T 2816—2014[S].北京：中国标准出版社，2014.

[25] 孔令文.农用潜水泵选用[J].现代农业装备，2011，(10)：67-68.

[26] 卢珍，曾文明，李光辉，等.提灌站水泵设计选型研究及典型案例分析[J].中国农村水利水电，2020(11)：107-111，117.

[27] 中华人民共和国国家质量监督检验检疫总局，中国国家标准化管理委员会.节水灌溉设备　词汇：GB/T 24670—2009[S].北京：中国标准出版社，

2009.

[28] 张汉林,张清双,胡远银.阀门手册——使用与维修[M].北京:化学工业出版社,2021.

[29] 中华人民共和国住房和城乡建设部机械设备安装工程施工及验收通用规范:GB 50231—2009[S].北京:中国标准出版社,2009.

[30] 中华人民共和国住房和城乡建设部压缩机、风机、泵安装工程施工及验收规范:GB 50275—2010[S].北京:中国标准出版社,2010.

[31] 吴勇,高祥照,杜森,等.大力发展水肥一体化　加快建设现代农业[J].中国农业信息,2011(12):19-22.

[32] G.N.Sabill ó n, Merkley G P. Fertigation guidelines for furrow irrigation [J]. SPANISH JOURNAL OF AGRICULTURAL RESEARCH,2004,2(4):576.

[33] 张承林,邓兰生.水肥一体化技术[M].北京:中国农业出版社,2012.

[34] 杨林林,张海文,韩敏琦,等.水肥一体化技术要点及应用前景分析[J].安徽农业科学,2015,43(16):23-25,28.

[35] Junliang Fan, Lifeng Wu, Fucang Zhang, et al.Evaluation of Drip Fertigation Uniformity Affected by Injector Type, Pressure Difference and Lateral Layout [J].Irrigation and Drainage,2017,66(4):520-529.

[36] 孟一斌,李久生,李蓓.微灌系统压差式施肥罐施肥性能试验研究[J].农业工程学报,2007(03):41-45.

[37] 吴锡凯,王文娥,胡笑涛,等.水动式比例施肥泵大田性能影响因素试验研究[J].节水灌溉,2019,(2):18-21,28.

[38] 韩启彪,吴文勇,刘洪禄,等.三种水力驱动比例式施肥泵吸肥性能试验[J].农业工程学报,2010,26(2):43-47.

[39] 张超,梁忠伟,刘晓初,等.基于ANSYS的文丘里施肥器水力特性研究[J].农业与技术,2019,39(8):1-4.

[40] 王森,黄兴法,李光永.文丘里施肥器性能数值模拟研究[J].农业工程学报,2006(07):27-31.

[41] 严海军,马静,王志鹏.圆形喷灌机泵注式施肥装置设计与田间试验[J].农业机械学报,2015,46(9):100-106.

[42] 曹玉泉,闫丽梅,李梦达,等.变频调速异步电动机的转差率[J].西南交通大学学报,2006(01):37-41.

[43] 王波雷,马孝义,范严伟,等.旋转式喷头射程的理论计算模型[J].农业机械学报,2008(01):41-45.

[44] 王凤花,裴正军,介邓飞,等.农田土壤pH和电导率采集仪设计与试验[J].农业机械学报,2009,40(6):164-168.

[45] 李加念,洪添胜,冯瑞珏,等.基于模糊控制的肥液自动混合装置设计与试验[J].农业工程学报,2013,(16):22-30.

[46] Yildirim, Guerol.Total energy loss assessment for trickle lateral lines equipped with integrated in-line and on-line emitters[J].Irrigation Science,2010,28(4):341-352.

[47] 孙和强,李玉霞,滕凯.喷灌支管水力计算的递推公式法[J].黑龙江水利科技,2002,30(2):16-17.

[48] 福州阿尔赛斯流体设备科技有限公司[EB/OL].(2022-05-04).https://www.arka.net.cn/product/26/.

[49] 中华人民共和国国家质量监督检验检疫总局,中国国家标准化管理委员会.一般压力表:GB/T 1226—2010[S].北京:中国标准出版社,2010.

[50] 中华人民共和国国家质量监督检验检疫总局,中国国家标准化管理委员会.精密压力表:GB/T 1227—2010[S].北京:中国标准出版社,2010.

[51] 牛晓宇.水田灌区渠道优化输配水试验研究与数值模拟[D].太原理工大学,2020.

[52] 龙侠义.输配水管线水锤数值模拟与防护措施研究[D].重庆大学,2013.

[53] 简颖华.柘荣县城乡供水一体化工程(一期)输配水管道管材选择[J].水利科技,2021(01):39-42.

[54] 李霞,李逢超,李国金,等.输配水管网研究领域的热点分析与预测[J].土木

建筑与环境工程,2016,38(S1):21-26.

[55] 李常虹,徐世斌,姚宇新.沈阳市输配水管道漏水事故分析及对策研究[J].
供水技术,2015,9(02):32-36.

[56] 马兴红.古浪黄花滩项目输配水管网管材比选[J].甘肃水利水电技术,
2015,51(03):40-42.

[57] 陈晓华.山区输配水管网沿线流量与节点流量的简化计算研究[J].水利建
设与管理,2014,34(01):33-36.

[58] 邢少博.梯状穿孔形滴灌灌水器水力性能研究[D].石河子大学,2021.

[59] 宋博.机压滴灌系统树状管网优化设计与应用[D].黑龙江大学,2021.

[60] 王金毅.滴灌带灌水器水力性能试验与数值模拟研究[D].天津农学院,
2020.

[61] 杨彬.滴灌长毛管灌水器研发及其管网优化[D].中国水利水电科学研究
院,2020.

[62] 牛江艳.组合型迷宫流道灌水器的水力性能研究[D].太原理工大学,2020.

[63] 戴建军,樊小林,喻建刚.电导率法快速检测缓释复合肥养分释放的探讨
[J].中国土壤与肥料,2010(04):83-88.

[64] 郭冰,王冲.压力传感器的现状与发展[J].中国仪器仪表,2009(05):72-75.

[65] 肖白,李攀攀,姜卓,等.基于梯级组合评分的农村电网精益化改造方法[J].
电力系统自动化,2020(03):220-228.

[66] 付学谦,杨菲菲,周亚中,等.设施农业能源互联网智能预警理论:评述与展
望[J].农业工程学报,2021(21):24-33.

[67] 韩黎明.长距离明渠突发事件应急调度策略设计及应用[J].水资源开发与
管理,2018(11):71-75.

[68] 张海滨,郭旭宁,郦建强,等.抗旱应急水源工程建设评估指标体系初探[J].
中国防汛抗旱,2017(04):19-27.

[69] 宋安.小麦主产区应急抗旱现状分析及对策研究[D].北京:中国农业科学
院,2014.

[70] 谢立勇,杨育蓉,赵洪亮,等."双碳"战略背景下农业与农村减排技术路径分析[J].中国生态农业学报(中英文),2022,30(04):527-534.

[71] 蔡建华,温秀兰.计算机测控技术[M].南京:东南大学出版社,2016.

[72] 崔金玉,唐红霞,郝利丽.电路中的理论计算及应用设计[M].哈尔滨:黑龙江大学出版社,2014.

[73] 毛顺鑫.不同灌溉模式和氮肥施用处理对再生稻再生芽生长和产量形成的影响[D].华中农业大学,2021.

[74] 王春雷,何的明,权树月,等.江淮地区薄壳山核桃集约栽培技术[J].安徽农学通报,2019,25(05):117-119.

[75] 高云,傅松玲,何小艳.美国山核桃不同引种品种生长及结实性状比较研究[J].安徽农业大学学报,2011,38(04):528-533.

[76] 王朝亮.宁镇山脉地区薄壳山核桃与茶叶间作技术探讨[J].农业装备技术,2019,45(05):34-36.

[77] 蒋吉发.山乡供水管的经济管径计算[J].中国给水排水.1999(03):38-39.